Flexibilisierung der manuellen Großmontage

Von der Fakultät für Maschinenbau und Elektrotechnik
der Technischen Universität Carolo-Wilhelmina
zu Braunschweig

zur Erlangung der Würde eines
Doktor-Ingenieurs (Dr.-Ing.)
genehmigte

D i s s e r t a t i o n

von

Oliver Laucht

aus Hamburg

Eingereicht am: 20. Juni 1995

Mündliche Prüfung am: 16. August 1995

Berichterstatter: Prof. Dr.-Ing. Dr. h.c. E. Westkämper

Mitberichterstatter: Prof. Dr.-Ing. Dr.-Ing. E.h. H.-P. Wiendahl

1995

Die Deutsche Bibliothek - CIP-Einheitsaufnahme

Laucht, Oliver:
Flexibilisierung der manuellen Grossmontage / Oliver Laucht.
Institut für Werkzeugmaschinen und Fertigungstechnik,
Technische Universität Braunschweig. - Essen : Vulkan-Verl., 1995
(Schriftenreihe des IWF)
Zugl.: Braunschweig, Techn. Univ., Diss., 1995
ISBN 3-8027-8627-0

ISBN 3-8027-8627-0

© Vulkan-Verlag, Essen 1995

Printed in Germany

Danksagung

Die vorliegende Arbeit entstand während meiner Tätigkeit als wissenschaftlicher Mitarbeiter am Institut für Werkzeugmaschinen und Fertigungstechnik der Technischen Universität Carolo-Wilhelmina zu Braunschweig.

Herrn Prof. Dr.-Ing. Dr. h.c. E. Westkämper, dem Leiter dieses Institutes, danke ich für die Förderung meiner Arbeit und für das mir und meiner Tätigkeit stets entgegengebrachte Vertrauen. Die gewährte Eigenständigkeit in der Bewältigung einer Vielzahl anwendungsbezogener Problemstellungen bildete das Fundament zum Gelingen dieser Dissertation. Überdies konnte ich so frühzeitig vielfältige Eindrücke und Einsichten in der industriellen Praxis gewinnen.

Herrn Prof. Dr.-Ing. Dr.-Ing. E.h. H.-P. Wiendahl möchte ich für die Übernahme des Korreferates und für die kritische Durchsicht der Arbeit mit den sich daraus ergebenden Hinweisen danken. Herrn Prof. Dr.-Ing. J. Hesselbach gilt mein Dank für die Übernahme des Vorsitzes in der mündlichen Prüfung.

Ferner möchte ich mich an dieser Stelle bei Herrn Dr.-Ing. E. Martin - stellvertretend für das Industrieunternehmen, in welchem Kerngedanken meiner Arbeit enstanden und verwirklicht wurden - für die eröffneten Möglichkeiten und die Unterstützung bei der Umsetzung bedanken.

Allen Mitarbeiterinnen und Mitarbeitern des Institutes und der IAP GmbH, die meinen Weg begleitet und in meinen Arbeiten mitgewirkt haben, danke ich für die gemeinsame Zeit und für eine stets gute und erfolgreiche Zusammenarbeit. Hervorheben möchte ich besonders jene Studenten und Kollegen, die durch ihr hohes Engagement in unseren Projektvorhaben letztlich auch Voraussetzungen und Freiräume zur Enstehung der vorliegenden Arbeit geschaffen haben. Meinen langjährigen Mitstreitern Frank Sünnemann und Bernd Burgstahler sei hier nochmals für ihre Sorgfalt bei der abschließenden Durchsicht dieser Schriftfassung gedankt.

Mein größter Dank gebührt indes meiner ganzen Familie, die den von mir eingeschlagenen Weg geebnet hat und mir jederzeit mit Rat und Tat zur Seite stand.

Braunschweig, im Oktober 1995   Oliver Laucht

Inhaltsverzeichnis   Seite

Abkürzungen

Abb.	-	Abbildung
allg.	-	allgemein(e)
AWF	-	Ausschuß für wirtschaftliche Fertigung e.V.; Eschborn
CAD	-	Computer Aided Design, rechnergestützte Konstruktion
CIM	-	Computer Integrated Manufacturing, rechnerintegrierte Produktion
DIN	-	Deutsches Institut für Normung e.V.; Berlin
(E)DV	-	(Elektronische) Datenverarbeitung
evtl.	-	eventuell
NC	-	Numerical Control, numerische Steuerung von Werkzeugmaschinen
o.a.	-	oder andere(s)
o.ä.	-	oder ähnliche(s)
o.V.	-	ohne Verfasserangabe
PC	-	Personal Computer, Arbeitsplatzrechner der Mikro-Klasse
PPS	-	Produktionsplanung und -steuerung
REFA	-	Verband für Arbeitsstudien und Betriebsorganisation e.V.; Darmstadt
RKW	-	Rationalisierungs-Kuratorium der Deutschen Wirtschaft e.V.; Eschborn
u.	-	und
u.a.	-	und andere(s)
u.ä.	-	und ähnliche(s)
usw.	-	und so weiter
VDI	-	Verein Deutscher Ingenieure e.V.; Düsseldorf
z.B.	-	zum Beispiel
zzgl.	-	zuzüglich

1. Einleitung

Die Umgebungsbedingen, in denen heute eine Unternehmensorganisation operiert, erfordern von ihr die Fähigkeit zu einer dynamischen Veränderung auch grundlegender Strukturen und Abläufe, um sich flexibel den jeweils wettbewerbsbestimmenden Anforderungen anzupassen [45, 89, 135]. Dabei reagieren Organisationen allgemein nicht nur auf direkte und indirekte Einflüsse ihrer Umwelt, sondern gleichwohl - in geringerem Umfang - auch auf Entwicklungen ihrer Inwelt [44].

Vor diesem Hintergrund müssen sich Produktionsbetriebe zu Netzwerken sich selbst organisierender und optimierender Einheiten wandeln, die auftretende Komplexität auf hohem Leistungsniveau bewältigen und sich dabei ständig durch industrielles Lernen weiterentwickeln [77, 146, 153]. Mitarbeitern - die Aufgaben- und Intelligenzträger eines Unternehmens - müssen Herausforderungen, Anreize und Entwicklungsmöglichkeiten geboten werden, so daß eine Organisation nur mehr ein Mittel zur Kanalisierung und Gratifizierung des Mitarbeiterverhaltens im Sinne der Unternehmensziele darstellt [11].

1.1. Ausgangssituation

Als Folge eines tiefgreifenden politischen Umbruches sind Unternehmen gegenwärtig mit einer Phase weltweiter Nachfrageschwäche und spürbar angestiegenen Wettbewerbsdruckes konfrontiert [94, 111]. Nach Jahren der Hochkonjunktur, in denen organisatorische Strukturen ausgeweitet, verflochten und häufig überfrachtet wurden, sind viele Unternehmen heute nicht mehr in der Lage, Forderungen des Marktes nach komplexen Komplettlösungen mit der notwendigen Flexibilität, Schnelligkeit und Qualität zu wirtschaftlichen Bedingungen nachzukommen [34, 119, 147].

Gegenwärtig ist insbesondere die Situation in der Bundesrepublik Deutschland im internationalen Vergleich gekennzeichnet durch niedrige Jahresarbeits- und Maschinenlaufzeiten bei gleichzeitig hohen Arbeits- und Lohnstückkosten, wobei die Steigerung der Produktivität den Lohnzuwachs seit Mitte der 80er Jahre nicht mehr auszugleichen oder gar zu übertreffen vermag [85, 94].

Um die Wettbewerbsfähigkeit des Standortes Deutschland auch langfristig sicherzustellen, ist es daher notwendig, über die gesamte Wertschöpfungskette, von der Entwicklung und Konstruktion über die Arbeitsvorbereitung bis hin zur Fertigung und Montage, eine weitreichende technologische Führungsposition gegenüber Wettbewerbern zu errichten. Dazu muß die komplexer werdende Technik auf Produkt- und Produktionsseite auf der Basis organisatorischer Veränderungen, unter Einbeziehung des Menschen und mittels enger Verflechtung der planenden und unterstützenden Bereiche mit dem Betrieb der Produktions-anlagen beherrscht werden [80, 94].

Zur Verbesserung der Produktivität sind dementsprechend Automatisierungs-strategien um effiziente Organisationskonzepte sowie personelle Qualifikations-potentiale zu ergänzen, die einen hohen Nutzungsgrad und den flexiblen Einsatz der kapitalintensiven Einrichtungen ermöglichen und in manuellen Arbeitsberei-chen die termin-, kosten- und qualitätsgerechte Fertigstellung von Aufträgen sicherstellen [34]. Ein erhebliches Potential zur Verbesserung der Wettbewerbs-fähigkeit eröffnet in diesem Zusammenhang der Übergang von einer funk-tionalen Arbeits- und Sichtweise im Unternehmen zu einem Prozeßdenken. Die ressourcengerechte, bereichsorientierte Kapazitätsauslastung muß zugunsten einer ganzheitlichen, integrierten Betrachtung vollständiger Abläufe aufgegeben werden, wodurch häufig insbesondere gemeinkostenwirksame Aktivitäten redu-ziert werden können [35, 42, 82, 140].

traditionell	© *WW* 100-52-01	zukünftig
• gewachsene, eingespielte Absatzbeziehungen auf stabilen Kundenmärkten • aufwandsbestimmte Preis-/ Leistungsbildung • Reaktion auf quantitative Kundenforderungen	**Markt**	• globaler Wettbewerb auf dynamischen Märkten • nachfragebestimmte Preis-/ Leistungsbildung • Berücksichtigung quantitativer und qualitativer Kundenforderungen
• Variantenspektrum in der Serienproduktion • wesentliche Ausstattungsmerkmale auf Basis konventioneller, bewährter Basistechnologien • mittlere bis lange Produktlebenszyklen	**Produkt**	• Variantenvielfalt bei kleinen Auftragsmengen • komplette Problemlösungen hoher Qualität und Umweltverträglichkeit in kurzer Zeit • kurze Produktlebenszyklen
• hohe Komplexität bei starker Verflechtung • viele Hierarchieebenen mit Bringepflicht • starres Ablaufschema, zentrale Abstimmung	**Organisation**	• einfache Strukturen mit integrierten Funktionen • abgeflachte Hierarchien mit Holprinzip • flexible Reaktion und Eigenverantwortung
• Arbeitsteilung und hohe Spezialisierung • geringe Verantwortung und Autonomie • begrenzte Arbeitsinhalte, damit ungenutzte Qualifikationen, "Kostenfaktor Mitarbeiter"	**Mitarbeiter**	• Aufgabenintegration mit sozialer Kompetenz • Verantwortung und Einfluß dezentral • Nutzung individueller Fähigkeiten, Qualifikation Mitarbeiter als "Aktivposten im Unternehmen"
• komplexe Systeme und Prozesse mit hoher Störanfälligkeit bei hohem Investitionsaufwand • Teilautomatisierung, unvollständige Integration	**Technologie**	• sichere, umweltgerechte Prozesse und Systeme in strategischen Schlüsselbereichen • flexible und wirtschaftliche Integration

Abb. 1:   Grundlegende Wandlungstendenzen in der produzierenden Industrie

Wandlungstendenzen sind jedoch nicht nur in bezug auf Märkte, Produkte, Technologien und die Organisation zu beobachten (Abbildung 1), sondern rüh-ren darüber hinaus auch aus dem gesellschaftlichen Kontext. Steigender Wohl-stand und mehr Freizeit haben dazu geführt, daß auch an das Arbeitsleben erhöhte Anforderungen hinsichtlich der Gewährung von Gestaltungsfreiräumen gestellt werden; ganzheitliche Aufgabenstellungen und die konsequente Nut-zung von Intelligenz und Erfahrung 'vor Ort' müssen Eingang in die Gestaltung von Arbeitssystemen finden [52, 136]. Ebenso erhält auch die Gestaltung einer umweltverträglichen Produktion entsorgungsgerechter und ressourcenschonender Erzeugnisse zunehmend an Gewicht, so daß entsprechende Aspekte in die Überlegungen und Veränderungen einbezogen werden müssen [9, 136].

Eine Unternehmensorganisation muß zukünftig also den Prinzipien der Aufgabenintegration, der Flexibilität und der Verantwortungsdelegation folgen, wobei in ihr auch arbeitsteilige Elemente, schon allein unter dem Gesichtspunkt der Wirtschaftlichkeit, enthalten sein werden [98]. Die Zusammenfassung eigenständiger Produkte und Dienstleistungen in einer gemeinsamen, flexiblen Organisation wird Unternehmen in die Lage versetzen, auch komplexe Leistungen unter Einbeziehung des Kunden zu realisieren und am Markt anzubieten [24]. Grundlage derartiger Organisationskonzepte sind dezentrale, objektorientierte und autonome Bereiche, die untereinander und mit der Außenwelt in definierten Beziehungen stehen und im Hinblick auf die Bedienung von Kundenaufträgen koordiniert werden [50, 120, 142].

Motivation der vorliegenden Arbeit ist es, innerhalb dieses thematischen Zusammenhanges die Strukturierung und Gestaltung einer flexiblen Montage komplexer Produkte vorzunehmen, wobei dieser Fertigungsbereich gleichzeitig ein konsistenter Bestandteil der modernen Unternehmensorganisation sein muß.

1.2. Zielsetzung und Vorgehensweise

Im Rahmen dieser Arbeit soll ein Konzept für die flexible Montage und das planerische Vorgehen zu ihrer Einführung entwickelt werden, welches vor allem auf die Besonderheiten der manuellen Herstellung komplexer Großerzeugnisse abgestimmt ist und strukturelle, arbeitsorganisatorische und ablauforganisatorische Aspekte herausstellt. Die Erarbeitung der Modellvorstellung von einer dynamischen Unternehmensorganisation dient dabei der allgemeinen Systematisierung von Strukturen, Funktionen und Abläufen in einem Produktionsbetrieb. Sie gibt deren Ausprägungen im Hinblick auf aktuelle Entwicklungen wie auch zukünftige Anforderungen wieder und bildet das Grundgerüst für die Einbettung und Anbindung der Montage.

Im Anschluß an die Ermittlung von Anforderungen an die Gestaltung und unternehmensbezogene Einordnung der Montage wird in der Darstellung und Auswertung ausgewählter Grundlagen, neuerer Ansätze, Systematiken und korrespondierender Lösungswege der Handlungsbedarf in bezug auf die Planung und Gestaltung der Montage im Rahmen einer zeitgemäßen Form der Unternehmensorganisation abgeleitet. Die in der Folge aufgebaute Modellvorstellung eines dynamischen Produktionsbetriebes leitet sich aus einer prinzipiellen Ordnung von Montage- und Fertigungsstrukturen ab. Durch die Fortentwicklung dieses Ansatzes entsteht mittels Verallgemeinerung ein explikatives Modell des Unternehmens, das eine Durchgängigkeit in der Vorstellung organisatorischer und struktureller Gegebenheiten in der Fabrik schafft und den Bezugsrahmen für Einordnung und Verknüpfung der flexiblen Montage bilden soll (Abbildung 2). Auf dieser Grundlage wird das Konzept der flexiblen Montage entworfen und definiert, wobei die besondere Funktion der Montage im Unternehmenskomplex sowie Gestaltungsdimensionen notwendiger Flexibilität im Vordergrund stehen.

Umfeld und Vorarbeiten

- Begriffsbestimmungen
- Anforderungen an Gestaltung und Einordnung der Montage in einer zeitgemäßen Unternehmensorganisation
- Handlungsbedarf in bezug auf eine flexible Montage

Modellvorstellung des Produktionsbetriebes

- Systematisierung von Fertigungs- und Montagestrukturen
- Verallgemeinerung organisatorischer und struktureller Merkmale sowie Ausprägung des Gesamtmodells

Entwicklung des flexiblen Montagekonzeptes

- Charakterisierung von Schlüsselfunktionen der Montage
- Bestimmungsgrößen und Gestaltungsdimensionen einer flexiblen Montagekonzeption
- Gesamtkonzept im Rahmen der Unternehmensorganisation

© ᴡᴡ 233-31-00

Planung, Gestaltung und Realisierung

- Planungsvorgehen in der Einzel- und Kleinserienmontage
- Realisierung in einem Praxisbeispiel und Bewertung

Abb. 2:   Vorgehensschritte innerhalb der vorliegenden Arbeit

Den Abschluß der Arbeit bildet die Ausführung des generellen Vorgehens bei der Planung und Gestaltung einer flexiblen, manuellen Einzel- und Kleinserienmontage komplexer Großprodukte sowie die Umsetzung dieser Konzeption in einem Praxisbeispiel.

2. Gegenstand und relevantes Umfeld der Arbeit

In diesem Abschnitt sollen kurz einige Begriffsbestimmungen vorgenommen werden, bevor aus grundlegenden Betrachtungen über die Montage und über Tendenzen einer Veränderung der konventionellen Unternehmensorganisation verdichtete Anforderungen an die Gestaltung und Einordnung dieses Produktionsbereiches gewonnen werden.

2.1. Grundbegriffe und Vorbemerkungen

Bezeichnungen, die in den einzelnen Kapiteln dieser Arbeit aufgegriffen und verwendet werden und die dabei nicht dem allgemeinen oder fachspezifischen Wortschatz angehören (respektive in abgewandelter Form benutzt werden), sollen im folgenden jeweils zu Beginn des entsprechenden Abschnittes bestimmt werden. An dieser Stelle müssen jedoch vorab die Organisation und die Montage als Basisbegriffe, die durch die gesamte Ausarbeitung hindurch auftreten, ausgeführt werden.

Organisation ist ein vielschichtiger Begriff, der in bezug auf den Industriebetrieb als die Regelung des Zusammenwirkens der Beschäftigten im Unternehmen aufgefaßt werden kann. Insbesondere umfaßt die Organisation die formale Gestaltung der Elemente des Unternehmens und ihre Beziehungen zueinander, sie bildet den funktionalen, räumlichen und zeitlichen Zusammenhang der Aufgaben und Aufgabenträger im Fabrikbetrieb ab [12, 110, 150]. Es wird somit zum einen der Prozeß der Entwicklung einer Ordnung aller betrieblichen Tätigkeiten (Strukturierung) und zum anderen das Ergebnis dieses gestalterischen Prozesses, die Gesamtheit aller Regelungen, angesprochen [67, 155].

Es können drei Sichtweisen im Denken über organisatorische Zusammenhänge unterschieden werden, die sich nach dem Ziel der jeweiligen Betrachtung richten [44, 46, 110]: Die institutionale Perspektive eines zielorientierten sozialen Gebildes, die funktionale Auffassung als Ordnungsmuster zur Komplexitätsbewältigung und die instrumentale Sicht einer betrieblichen Systemstruktur als Instrument zur Aufgabenerfüllung und Erreichung der Unternehmensziele. Je nach der momentanen Entwicklungsphase, in der sich ein Unternehmen in seinem Lebenszyklus befindet, bilden sich verschiedene organisationale Zustände heraus, die zu einem Zeitpunkt bei einer bestimmten Unternehmensgröße für die Abläufe des Gesamtunternehmens und seiner Teilbereiche geeignet sind [44].

Die *betriebliche Organisation* ist zweckorientiert begründet und auf ein Ziel ausgerichtet, das die Mehrheit ihrer Mitglieder unter qualitativer Arbeitsteilung verfolgt. Fehlt eines dieser Merkmale, ist eine Organisation zufallsgesteuert oder sogar obsolet, im anderen Fall kann ihre Funktionstüchtigkeit zumindest durch die eigene Ausdehnung behindert werden [98]. Die Zweckbestimmung eines Produktionsbetriebes liegt dabei in der Gewinnung, der Veredelung oder der Verarbeitung aller notwendigen Stoffe zur Erzeugung von Konsumgütern oder von Produktionsmitteln [64].

Im Rahmen dieser Arbeit wird der Begriff 'Organisation' in all seinen Interpretationsmöglichkeiten eingesetzt: Als zielgerichtete Komplexe sollen der Industriebetrieb, der Produktionsbetrieb, der Fabrikbetrieb und das Unternehmen verstanden werden, die Sichtweisen des Ordnens und der Strukturierung werden ebenso aufgegriffen wie die instrumentalisierende Deutung von Organisation.

In der *Montage*, welche die Vollendungsphase des Produktionsprozesses darstellt, findet allgemein der Aufbau von Systemen höherer Komplexität aus Elementen niedriger Komplexität statt. Über Vereinigungsprozesse werden Teile zu Baugruppen oder Geräten und schließlich in einer letzten Stufe zu Enderzeugnissen oder Anlagen montiert [26, 105, 128]. Es werden dabei die funktionalen Tätigkeitsbereiche des Fügens (Hauptfunktion) sowie des Handhabens und des Kontrollierens (Nebenfunktionen) unterschieden, die ihrerseits noch weiter in verschiedene Einzelfunktionen aufgespalten werden können [27, 133]. Somit steht das Montieren und seine Ausprägung stets in Beziehung zu einem bestimmten Objekt und einer konkreten Montageaufgabe, während der eigentliche Fügeprozeß verfahrensorientiert und damit als produktunabhängig gesehen werden kann [54, 79, 99]. Zum Funktionsbereich der Montage werden häufig auch Anpaßarbeiten an Montageobjekten sowie notwendige Sonderoperationen, wie das Reinigen oder Markieren, gezählt (Abbildung 3).

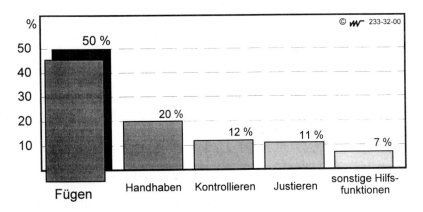

Abb. 3:   Zeitliche Verteilung der Tätigkeiten des Montierens [133]

Nach einer Repräsentativerhebung im Jahre 1983 im Montagebereich von 355 Unternehmen wurde festgestellt, daß etwa die Hälfte aller Tätigkeiten in den untersuchten Bereichen vom Zeitanteil nicht den eigentlichen Fügeoperationen zuzuordnen waren [133]. Diese nicht direkt wertschöpfenden Aktivitäten können im Zusammenhang mit der Abschätzung der Effizienz eines Montagevorganges unter der Bezeichnung *Sekundärmontage* eingeordnet werden, während Vorgänge, durch die das Produkt mittels Energie, Information und Fügen von Teilen vervollständigt wird, die *Primärmontage* kennzeichnen [75].

Der Begriff der 'Montage' wird in dieser Arbeit sowohl unter strukturellen, produktorientierten Gesichtspunkten wie auch in funktionaler Hinsicht gebraucht, wobei sich die Ausführungen in den hinteren Abschnitten immer weiter auf die manuelle Endmontage in der Erzeugnisebene konzentrieren; dort werden dann auch weitere notwendige Abgrenzungen vorgenommen.

2.2. Die Montage und ihre Stellung im Unternehmen

Der Bereich der Montage im Unternehmen liegt an letzter Stelle in der betrieblichen Abwicklung eines Kundenauftrages, zeitlich gesehen also nach der Konstruktion, Arbeitsvorbereitung und den Teilefertigungssystemen. Diese Tatsache führt dazu, daß alle Störungen, Fehler und Versäumnisse aus diesen vorgelagerten Abschnitten in der Montage eines Produktes zu Tage treten und hier häufig erhebliche Probleme im Hinblick auf eine termin-, kosten- und qualitätsgerechte Fertigstellung des Erzeugnisses bereiten [38, 106]. Hinzu kommt, daß sich in der Montage, in ihrer Rolle einer Schnittstellenfunktion zum Markt, die Entwicklung zu größeren Variantenzahlen auf der einen und zu kleineren Losgrößen auf der anderen Seite besonders bemerkbar macht.

Als Problem tritt hier vor allem in Erscheinung, daß Montageaufgaben organisatorisch komplexer sowie weniger übersichtlich strukturierbar und damit algorithmierbar als Arbeiten in der Teilefertigung sind. So besitzt die manuelle Ausführung der Montage einen hohen Stellenwert, Automatisierungsvorhaben sind wirtschaflich lediglich in der Großserien- und Massenmontage, etwa in der Feinwerk- oder Elektronikindustrie, zu realisieren [20, 39, 103].

Systemtechnisch betrachtet, läßt sich der Montagebereich eines Industriebetriebes mit seinen intern ablaufenden Montagevorgängen als Teil eines komplexen Produktionssystems auffassen, in dem mehrere sich ergänzende Einzelfunktionen der Bearbeitung und Montage sowie des Material- und Informationsflusses ablaufen und dessen Komponenten informationstechnisch verknüpft sind [93]. Dabei steht das eigentliche Montagesystem in direkter Verbindung zu einem Teilefertigungssystem sowie zu den Bereichen der Materialbeschaffung und des

Vertriebes (Abbildung 4). Die Koordination im Zuge der Auftragsabwicklung wird von einer überlagerten Fertigungssteuerung wahrgenommen; darüber hinaus ist die Montage in der Lage, durch Kommunikation mit der Vorfertigung eigene Aufträge zu initiieren oder Material aus Bereitstellpuffern abzufordern. Ein Montagesystem kann einen oder mehrere Arbeitsplätze respektive -gruppen zur Erzielung eines Produktionsfortschrittes durch den Zusammenbau von Baugruppen oder Erzeugnissen umfassen [6, 132].

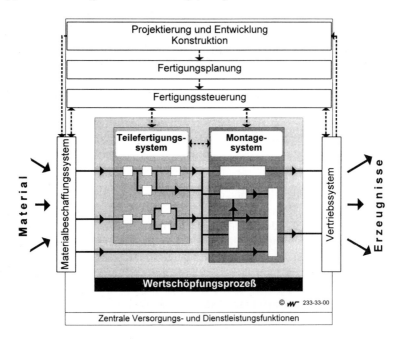

Abb. 4:   Montage als Teilsystem des Produktionssystems, nach [132]

Die Montage mit ihrem hohen Wertschöpfungsanteil und direkten Kundenbezug birgt ein hohes Rationalisierungspotential, das es unter den gegebenen Markt- und Wettbewerbsbedingungen mehr denn je auszuschöpfen gilt: Der Anteil der Montagekosten an den gesamten Herstellkosten eines Produktes kann zwischen 25% und 70% betragen, und auch der zeitliche Arbeitsaufwand in der Montage beläuft sich, je nach Branche und gemessen am Gesamtzeitaufwand der Produktion, auf bis zu 70% [74, 134]. Dazu kommt, daß der Montageprozeß häufig durch Fehler unterbrochen wird, die schon im Vorfeld gemacht worden sind und deren Behebung nicht selten 50% der Auftragsdurchlaufzeit beansprucht [124]. Nach Untersuchungen in [73] entstehen Störungen in der Montage selbst vornehmlich dadurch, daß notwendige Ressourcen - in erster Linie das Material -

nicht zum rechten Zeitpunkt zur Verfügung stehen oder die vereinbarte Qualität nicht angeliefert wurde. Somit fällt auch der hohe Kapitaldienst, der aufgrund des Wertes der Teile aus vorangegangenen Veredelungsprozessen sowie durch den hohen Zukaufanteil in der Montage gegeben ist, merklich ins Gewicht [55].

Ansatzpunkte zur Verbesserung der Effizienz der Montage und ihrer Situation im Unternehmenskontext liegen daher in einer ganzheitlichen Sicht- und Vorgehensweise. So können aufwandsverursachende Aktivitäten oder Bedingungen identifiziert und Maßnahmen, unter Berücksichtigung der Randbedingungen einer Produktion und ihrer Parameter, entwickelt werden.

Eine große Bedeutung ist der montagerechten Gestaltung und Strukturierung der zu montierenden Produkte beizumessen, da im Mittel etwa 75% der gesamten Herstellkosten eines Erzeugnisses im Verantwortungsbereich der Konstruktion liegen [20, 38]. Hier ist zu fordern, daß die Montage schon frühzeitig in den Prozeß der Produktgestaltung einbezogen wird, um das Wissen über die Durchführung der Montageaufgaben und mögliche Automatisierungspotentiale durch den Einsatz von Montagemitteln und -hilfsmitteln einzubringen. Weiterhin ist es notwendig, neben der Planung und Steuerung die eigentliche Organisation und Leistungsfähigkeit des Montagebereiches zu verbessern, indem vor allem der hohe Anteil der Sekundärmontage gesenkt wird und die Möglichkeiten und Fähigkeiten des Mitarbeiters durch veränderte Formen der Arbeitsorganisation besser zum Tragen kommen. Die Integration traditionell getrennter Funktionsbereiche mit dem Ziel, den gestiegenen Anforderungen an die Flexibilität der Montage gerecht zu werden, ist ein Schritt in diese Richtung [18].

2.3. Generelle Wandlungstendenzen in der industriellen Ablauf- und Aufbauorganisation

Im Sinne einer ganzheitlichen Betrachtungsweise zur Gestaltung und Strukturierung einer flexiblen Montage ist es notwendig, auch aktuelle Entwicklungen in der Unternehmensorganisation zu erkennen und in einer Konzeption zu berücksichtigen. Diese Veränderungen wirken sich auf Abläufe innerhalb der Strukturen aus und treten auch in der Unternehmensstruktur selbst in Erscheinung.

Eine formale Trennung der Sichten, die allerdings nicht - vor allem in der betrieblichen Praxis - bis zur letzten Konsequenz durchführbar ist, läßt sich dabei in Aufbau- und Ablauforganisation eines Unternehmens vornehmen [110, 142]. Während in der Gebildestruktur die Aufgabe als Zielsetzung im Vordergrund steht, zu deren Erfüllung organisatorische Grundelemente verknüft und in einen Beziehungszusammenhang gebracht werden, rückt bei den Abläufen die Ordnung von Handlungsvorgängen oder Arbeitsprozessen in den Betrachtungsmittelpunkt [12, 155]. Diese gedankliche Differenzierung kann von Nutzen sein, wenn es darum geht, die Unternehmensorganisation unter dem Eindruck veränderter Gesellschafts- und Marktbedingungen sowie neuer Hilfsmittel und Methoden zu durchleuchten und gegebenenfalls zu korrigieren.

Die Globalisierung des Wettbewerbes, ein Kundenmarkt, der durch hohe Variantenvielfalt und kurze Produktlebenszyklen geprägt ist, rascher Wandel in den Rahmenbedingungen von Wirtschaft und Industrie sowie Veränderungen in der Arbeitswelt haben existierende Organisationen in Unternehmen an die Grenzen ihrer Funktionsfähigkeit und darüber hinaus geführt [33, 49]. Viele Unternehmen dezentralisieren heute ihre Organisation und Logistik durch die Schaffung autonomer, marktorientierter Bereiche, denen ein hoher Freiheitsgrad zur Erledigung ihrer Aufgaben eingeräumt und gleichzeitig mehr Verantwortung für ihr Arbeitsergebnis übertragen wird [135, 148, 151]. In diesen Bereichen findet eine Integration dispositiver und ausführender Tätigkeiten sowie eine vollständige Ausstattung mit Ressourcen und Hilfsmitteln statt, um die komplette Erstellung geprüfter Leistungen im vorgegebenen Termin- und Kostenrahmen zu ermöglichen. Mit dem konsequenten Aufbau auch interner Kunden-Lieferanten-Beziehungen, deren Schnittstellen klar bestimmt sind und die durch geeignete Kommunikationsstrukturen gewährleistet werden, kann ein durchgängiges, kundenorientiertes Qualitätsbewußtsein erreicht werden [10, 69, 153].

Die Ausrichtung der Unternehmensbereiche erfolgt im Unterschied zu den traditionell funktionalen Prinzipien nach Gesichtspunkten der Zweckmäßigkeit und Prozeßorientierung. Losgelöst von der institutionalisierten Aufbauorganisation rückt die zu erfüllende Aufgabe in den Mittelpunkt der Betrachtung; die Optimierung mehrerer miteinander verwobener Prozeßketten wird entlang eines Geschäftsprozesses vorgenommen, indem sämtliche Maßnahmen und ihre Auswirkungen immer unter einem übergreifenden Aspekt beurteilt und bewertet werden [35, 42, 137]. In diesem Zusammenhang findet mit dem Prozeßkostenmanagement auch eine grundlegende Angleichung der Kostenrechnungssysteme im Unternehmen statt, um durch eine erhöhte Gemeinkostentransparenz zu einer Beherrschung von Produktions- und Verwaltungsprozessen und darüber zu einer verbesserten Kalkulation zu gelangen [88, 114]. Zur konsequenten Ausrichtung aller Unternehmensaktivitäten kommen marktorientierte Kostenvorgaben zum Einsatz, indem mittels Zielkostenmanagement alle Prozesse im Spannungsfeld von Qualität, Zeit und Kosten koordiniert und Veränderungen über Kosteninformationen gesteuert werden [56, 108].

Eine wesentliche Rolle beim Aufbau neuer Arbeitsweisen und Strukturen kommt der Informationstechnologie zu, die in einer modernen Unternehmensorganisation jederzeit sicherstellen muß, daß alle wichtigen internen und externen Informationen zur richtigen Zeit am rechten Ort in der notwendigen Qualität zur Verfügung stehen. Es ist darauf zu achten, daß Informationssysteme flexibel an unterschiedliche Anforderungen anpaßbar sind, an den prozeßorientierten Strukturen ausgerichtet werden und eine rechtzeitige, zielgruppenorientierte personelle Vorbereitung stattfindet [19, 84]. Komplexe, kapitalintensive Systeme (auch im Bereich der Automatisierung und Rechnerintegration in der Produktion) sind gegebenenfalls im Anspruch zu reduzieren, wenn dadurch die erhöhten Flexibilitätsanforderungen besser erfüllt und die Verfügbarkeit, und damit die Wirtschaftlichkeit, verbessert werden können [84, 145]. Durch die Integration von Wertschöpfungsketten verschiedener Unternehmen können benötigte Leistungen und Kapazitäten durch Informationsaustausch realisiert werden, ohne daß eine wirtschaftliche Besitzübernahme stattfindet [21].

Ausschlaggebend für den Erfolg moderner Organisationskonzepte und neuer Prozeßentwürfe ist es, den Menschen darin in den Vordergrund zu rücken und frühzeitig über bevorstehende Veränderungen und deren Hintergründe zu informieren. Hinsichtlich der Arbeitsorganisation spielen häufig Team- und Gruppenarbeitskonzepte eine Schlüsselrolle, die durch Arbeitsplatzstrukturen mit großen Arbeitsinhalten und eine gemeinsame Zielsetzung ihrer Mitglieder geprägt sind [20, 135]. Die Bewußtseinsschärfung aller Mitarbeiter im Hinblick auf die Vermeidung von Verschwendung macht die Überprüfung von Unternehmenskultur und Mitarbeiterführung notwendig, wobei die Anwendung partizipativer Führungsstile und die Förderung jedes einzelnen Mitarbeiters angestrebt wird [11, 59]. Dazu sind auf der einen Seite geeignete Qualifikationsmaßnahmen frühzeitig und zielgruppenbezogen einzuleiten, auf der anderen Seite müssen durch Aufgabenintegration, Dezentralisierung von Kompetenzen und Verantwortung sowie Abbau von Hierarchiestufen die Voraussetzungen zur vollen Entfaltung aller Mitarbeiterpotentiale geschaffen werden [17, 23, 121]. Schließlich werden neue Entgeltsysteme, die geeignete Leistungsfaktoren zur Optimierung eines Gesamtsystems auswerten und die individuelle Lohnberechnung aus personen- und gruppenbezogenen Anteilen vorsehen, benötigt [71].

Untrennbar mit der Wettbewerbsfähigkeit von Produktionsbetrieben ist heute die Qualität ihrer Leistungen und Prozesse verknüpft. Zum Erreichen der kundenbezogenen Zielsetzungen bedarf es eines Qualitätsbewußtseins auf allen Ebenen und in allen Prozessen; das kundenorientierte Denken und Handeln aller Mitarbeiter, eine hohe Motivation sowie das Setzen und Verfolgen von Qualitätszielen sollte im Sinne eines Total Quality Managements konstituiert werden [10, 87]. Im Mittelpunkt stehen die Erhöhung von Prozeßsicherheit und Qualität im Sinne einer Null-Fehler-Strategie, um letztendlich auch dadurch Zeit, Kosten, Material und Personal einzusparen [57].

2.4. Zeitgemäße Anforderungen an eine Gestaltung und unternehmensbezogene Einordnung der Montage

Aus der skizzierten Situation der Montage im Unternehmen und den aufgezeigten Entwicklungen in der Organisation des Produktionsbetriebes können grundlegende Kriterien für die Gestaltung und Einordnung der Montage verdichtet werden (Abbildung 5). Merkmale einer derartigen flexiblen Montage sind vor allem ihre Fähigkeit zur Bewältigung komplexer Montageaufgaben auch unter den Bedingungen hoher Variantenvielfalt und kleiner Losgrößen, ihre Rolle bei der Verminderung von Aufwands- und Störungspotentialen, die häufig aus vorgelagerten Prozeßabschnitten oder von außen herrühren, und ihre Funktion als Schnittstelle zwischen Unternehmensbereichen und Markt, so daß sie Initiator von Maßnahmen und Auslöser von Vorgängen im Unternehmen sein kann.

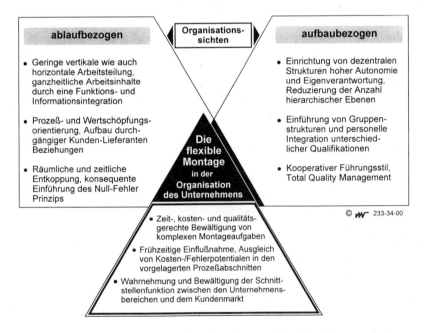

Abb. 5:   Gestaltungskriterien und Merkmale einer flexiblen Montage

Folglich benötigt die flexible Montage jedoch den ganzheitlichen Rahmen einer dynamischen Unternehmensorganisation, in der ihre Merkmale und Potentiale erst entwickelt werden können. Die Kombination und Harmonisierung einer vollständigen Montagekonzeption mit der Durchgängigkeit und Konsequenz von Strukturen und Abläufen im zeitgemäßen Produktionsbetrieb stellt daher einen wichtigen Beitrag zur systematischen Flexibilisierung der Montage dar.

3. Die Montage im Blickwinkel dezentraler Fabrikstrukturen

Im Sinne einer ganzheitlichen Betrachtungsweise bei der Erarbeitung der flexiblen Montagekonzeption im Rahmen einer dezentralen Unternehmensorganisation werden in diesem Abschnitt die beiden wesentlichen Themenkreise in ihren relevanten Aspekten beleuchtet und zusammenfassend im Hinblick auf ausgewählte, bestehende Ansätze sowie notwendige Erweiterungen und Neuentwicklungen interpretiert.

Zunächst werden grundlegende Strukturen und Organisationsformen der Montage und Prinzipien ihrer Planung und Lenkung vorgestellt, anschließend erfolgt die themenbezogene Erläuterung von Gegebenheiten und Entwicklungen in Unternehmens- und Arbeitsorganisation. Durch Abgrenzung wichtiger Beiträge können dann Unvollkommenheiten im Zusammenhang mit der Themenstellung dieser Arbeit benannt und ausstehende Handlungsfelder definiert werden.

3.1. Planung, Gestaltung und Betrieb der Montage

3.1.1. Strukturen und Organisationsformen in der Montage

Der Vorgang der Montagestrukturierung umfaßt die Planung von Hallenlayout, Organisationsform, Personal- und Betriebsmitteleinsatz in der Montage auf der Grundlage einer montageorientierten Produktstruktur, von Produktionsdaten und der verfügbaren Mittel. Die erzielte Montagestruktur gibt demnach den inneren Aufbau und das Regelsystem eines Montagebereiches wieder und beschreibt personelle, organisatorische und technische Zusammenhänge für die Herstellung eines bestimmten Produktionsprogrammes [38, 124]. Bezogen auf den Einsatz automatisierter Montagesysteme kann eine Montagestruktur als eine bestimmte Ausprägung des Automatisierungsgrades, der Kapazität, der Flexibilität sowie der technischen und organisatorischen Wechselwirkungen im Produktionssystem für ein Produktspektrum aufgefaßt werden; sie greift dabei auf die im Rahmen einer Produkt- und Potentialanalyse ermittelten Daten zurück [78].

Die Struktur ist, neben den Montagevorgängen und dem Montageablauf, eines der Kennzeichen des Montageprozesses, der den nach bestimmten Gesetzmässigkeiten verlaufenden Fortgang des Zusammenbaues von Objekten beschreibt. Während die Vorgänge des Montierens durch die erforderliche Technologie und einzelne Betriebsmittel überwiegend vorherbestimmt sind, legt der Montageablauf Art und Reihenfolge der Montagevorgänge fest, die schließlich durch die Struktur in einzelne Abschnitte, die räumlich und zeitlich voneinander unabhängig ablaufen können, gegliedert werden [79]. Ziel einer Strukturplanung ist es mithin, die Teilbereiche der Montage unter dem Aspekt der Durchlaufzeit-

und Kostensenkung organisatorisch, personell und von seiten der Betriebsmittel und des Layouts zweckmäßig zu gestalten. Teilsysteme der Montage sind so miteinander zu verknüpfen, daß der Ablauf im Gesamtsystem, unter Berücksichtigung der Randbedingungen und Einflußgrößen, reibungslos möglich ist [8, 55]. Die Montagestrukturierung bildet somit den Rahmen für die wesentlich feinere Montageplanung, die im folgenden Lösungen für Detailprobleme der Ausstattung, Organisation und Steuerung sucht [39].

Strukturelle Maßnahmen in der Montage, ihre Vorbereitung und anschließende Einleitung, werden vom Ablauf des geplanten Montageprozesses sowie der vorliegenden Auftragsart bestimmt und nehmen ihren Ausgangspunkt in der Auswahl eines geeigneten Strukturtyps [36]. Die Struktur des Montageprozesses ermöglicht es in den meisten Fällen, daß ein Montagesystem in unterschiedliche Bereiche gegliedert werden kann. So können Teilabschnitte zeitparallel ablaufen, Prozesse räumlich und personell getrennt werden; die Gesamtdurchlaufzeit eines Produktes wird durch den Zusammenbau geprüfter Baugruppen verkürzt. Diese Gliederungsform orientiert sich an Baugruppenabgrenzungen und führt zu einer Aufteilung der Montage in Ebenen, die von der Produktkomplexität abhängen und die im Sinne einer Arbeitsteiligkeit auf jeweilige Teilaufgaben spezialisiert sind. Auf jeder Ebene werden formal die Phasen der Vor-, Haupt- und Nachmontage unterschieden, in denen in einer Abfolge die vorbereitenden Arbeiten, der eigentliche Zusammenbau und Prüf- und Komplettierungsfunktionen angeordnet werden [38, 55].

Automatische Montagesysteme weisen ebenfalls eine Ebenenstruktur auf, die sich an der hierarchischen Gliederung in Erzeugnis, Baugruppen und Einzelteile orientiert. Der Montageablauf selbst kann dabei nur innerhalb enger Grenzen variiert werden, da die durch den konstruktiven Aufbau der Montageobjekte bestimmte Zuordnung zu Montagestationen eine spezifische Hintereinanderschaltung auferlegt [8, 54]. Durch die Unterteilung in Vor- und Hauptmontagebereiche, die häufig auf der Basis des Vorranggraphen vorgenommen wird, können mechanisierbare und automatisierbare Montageumfänge von komplexen, variantenabhängigen Fügevorgängen separiert werden. Dieses führt zur Bildung manueller und automatisierter Teilsysteme, die durch Puffer entkoppelt werden müssen und damit zu einer Erhöhung von Wirtschaftlichkeit und Verfügbarkeit des Gesamtsystems beitragen [5, 78]. Strukturell werden in der automatisierten Montage im wesentlichen drei Ebenen unterschieden: Die Abwicklung einer Prozeßfunktion beziehungsweise eines vollständigen Montageprozesses erfolgt in der Komponentenebene, die Bewältigung einer fest umrissenen und räumlich abgegrenzten Arbeitsaufgabe nimmt eine Station respektive Zelle vor. Die Montageanlage schließlich umfaßt die Montageaktivitäten auf Baugruppen- und Erzeugnisebene spezifischer Produkte [8, 47, 93].

Während die Struktur einer Montage die Untergliederung in einzelne Teilsysteme wiedergibt und im Zusammenhang mit den Vorgängen und Abläufen einen Montageprozeß prägt, beschreibt die Organisation der Montage die eigentliche Anordnung der Montagemittel, Hilfsmittel und Arbeitsplätze zu Montageeinheiten innerhalb der Teilsysteme. Die Vielzahl in der betrieblichen Praxis vorkommender Organisationsformen in der Produktion läßt sich durch eine Systematisierung nach räumlichen und zeitlichen Gesichtspunkten auf die vier Grundtypen von Fließ-, Gruppen-, Werkstatt- und Baustellenproduktion zurückführen [2, 38, 64, 110]. Der Grad der Anpassung einer Organisationsform an Erfordernisse und Rahmenbedingungen ihres Einsatzfalles bestimmen dabei in hohem Maße Aufwände, Durchlaufzeiten, Flexibilität und Qualität eines Produktionsbereiches.

In der Montage läßt sich die Vielzahl der realisierten Organisationsformen, bezogen auf den Bewegungszustand der Montageobjekte im Zuge des Montageablaufes, differenzieren nach dem Verrichtungs- (stillstehendes Objekt) und dem Fließprinzip (mobile Objekte), wobei zu einer weiteren Unterscheidung die stationäre oder bewegliche Beschaffenheit der Arbeitsplätze herangezogen wird (Abbildung 6). Entsprechend den vorgefundenen Voraussetzungen und mittels einer technischen, zeitlichen, organisatorischen, personellen und finanziellen Bewertung muß die geeignete Organisationsform festgelegt werden [55, 79].

● : erforderlich
○ : nicht erforderlich
© 233-18-00

Voraussetzungen	Organisationsformen			
	Objekte und Arbeitsplätze stationär	stationäre Objekte, Arbeitsplätze bewegt	bewegte Objekte, Arbeitsplätze stationär	Objekte und Arbeitsplätze bewegt
Transportierbarkeit der Montageobjekte	○	○	●	●
Zeitlich definierte Montagevorgänge	○	●	●	●
Arbeitsteilung	○	●	●	●
mehrere gleichzeitig zu montierende Objekte	○	●	●	●
Transportierbarkeit der Betriebsmittel	○	●	○	●
Verträglichkeit der Technologien	●	●	○	●
Ausgleichsmöglichkeit von Störgrößen	○	●	●	●
Ausprägungen:	Baustellen- und Einzelplatzmontagen	Gruppenmontagen	Werkstatt- und Fließmontagen	kombinierte Fließmontagen

Abb. 6:   Montageorganisationsformen und ihre Ausprägungen, nach [55]

In der Art der Ausführung der Montagetätigkeit haben Organisationsformen mit stationären Montageobjekten vielfach den Charakter einer von manueller Tätigkeit geprägten Montage, in der komplexe Produkte erweiterte Arbeitsinhalte bedingen und höhere Anforderungen an die Qualifikation des Montagepersonals gestellt werden. Demgegenüber tendieren Montagen nach dem Fließprinzip zu höherer Arbeitsteiligkeit und zeitlicher Festlegung von Abläufen, wobei technische Einrichtungen zur Bearbeitung und Verkettung zum Teil einen erheblichen Investitionsaufwand erfordern.

Ähnlich wie in der Fertigung werden auch Montagevorgänge zunehmend automatisiert, um unter dem Leitziel einer flexiblen Rechnerintegration auch kleine Auftragsmengen bei einer ansteigenden Anzahl von Produktvarianten wirtschaftlich montieren zu können. Das Fließprinzip bei der Herstellung großer Serien findet dabei seine Ausprägung durch Baukastenautomaten, in denen Handhabungsvorgänge aufgelöste Montageoperationen auf Stationen ausgeführt werden und Montageobjekte auf Werkstückträgersystemen durch die Montage getaktet werden. Kleinere Stückzahlen werden nach dem Werkstättenprinzip realisiert, das durch den Einsatz programmierbarer Fügestationen in Kombination mit Bewegungsautomaten (Industrieroboter) gekennzeichnet ist [54, 150].

Eine einfache Form der flexiblen Montageautomatisierung stellt die flexible Montagezelle dar, die der Durchführung von Montagevorgängen bis hin zu kompletten Montageaufgaben an unterschiedlichen Produkten dient. Sie enthält eine oder mehrere Bearbeitungsstationen, Einrichtungen zum Handhaben, Kontrollieren und zur Ausübung eventueller Sonderfunktionen; die Werkstück- und Werkzeugtransporte sind in vielen Fällen automatisiert. Bei Teilautomatisierung in Verbindung mit einem manuellen Arbeitsplatz werden Mitarbeitern dieses Arbeitssystems Freiheitsgrade zur Aufgabenerweiterung und -anreicherung eröffnet. Durch die Einbindung in ein Leitsystem wird neben einem internen Material- und Signalfluß die Schnittstelle zu über- und nebengeordneten betrieblichen Informationssystemen hergestellt [22, 76, 103]. Flexibel automatisierte Montagesysteme bestehen aus mehreren, über eine gemeinsames Transportsystem miteinander verketteten, automatisierten wie auch manuellen Stationen und Zellen, wobei die Ablaufsteuerung im System in der Regel rechnerunterstützt erfolgt. Das Montagesystem ist in der Lage, durch Integration peripherer Funktionen auch komplette Baugruppen oder Erzeugnisse in unterschiedlichen Stückzahlen und Varianten bei hoher Störungsflexibilität zu montieren [22, 54].

Die Voraussetzungen zum wirtschaftlichen Betrieb flexibel automatisierter Montageeinrichtungen liegen vor allem im Aufbau des Montageobjektes selbst sowie in der notwendigen Qualität und Handhabungsfreundlichkeit seiner Einzelteile (Abbildung 7).

VORAUSSETZUNGEN

- hohe Stückzahlen pro Zeiteinheit
- lange Lebensdauer des Produktes am Markt
- montagegerechter Produktaufbau
- handhabungsgerechte Einzelteile
- Montagevorgänge mit stets gleichen Ausgangsbedingungen
- automatisierungsgerechte Fertigungsqualität der Einzelteile

bewirken

quantifizierbaren Nutzen

nicht quantifizierbaren Nutzen

• niedrige Montagekosten je Produkt • hohe Produktionsleistung • hohe Rentabilität • gleichbleibend hohe Produktqualität © ⁄W⁄ 233-22-00	• erzielte Produktqualität ist verkaufsfördernd • humanere Arbeitsbedingungen • größere Unabhängigkeit von Schwankungen des Arbeitsmarktes • Erfahrungen aus Entwicklung und Einsatz erleichtern zukünftige Implementierungen • Imageverbesserung durch neue Technologie

Vorteile der wirtschaftlichen Automatisierung von Montageprozessen

Abb. 7:   Wirtschaftliche Automatisierung von Montageprozessen, nach [134]

So lassen sich nicht nur meßbare Vorteile der Automatisierung, wie niedrigere Montagekosten und konstante Erzeugnisqualität, erzielen, es werden darüber hinaus auch qualitative Nutzenpotentiale erschlossen, die eine Stärkung und Differenzierung im Wettbewerb darstellen [38, 134].

3.1.2.   Vorgehen und Hilfsmittel der Montageplanung

Die Planung von Montagesystemen stellt einen vielschichtigen Prozeß dar, der in einem, für die Beeinflussung von Zeit und Aufwand eines Kundenauftrages, bedeutsamen Unternehmensbereich frühzeitig die Weichen für die Funktion und somit Leistungsfähigkeit der geplanten Strukturen und Einrichtungen stellt. Damit erfordert die Neuplanung ebenso wie die Optimierung oder Anpassung bestehender Montagesysteme eine systematische Vorgehensweise, die in Teilschritten unter einer einheitlichen Zielsetzung alle relevanten Aufgabenbereiche berücksichtigt. Insbesondere die Komplexität der Montageobjekte, die daraus resultierende Vielzahl der Montagevorgänge und eine in den letzten Jahren stark angewachsene Anzahl kundenspezifischer Varianten, die gerade in der Montage eines Erzeugnisses zum Tragen kommt, hat zur Entwicklung einer Reihe methodischer Planungsansätze geführt. Neben den allgemeinen Vorgehensweisen, wie sie in [2, 30, 64, 93, 127 usw.] im Rahmen der Fabrik- und Produktionssystemplanung beschrieben sind, wurden verschiedene anwendungsspezifische

Methoden entwickelt, die sich beispielsweise der manuellen oder automatisierten Montage zuwenden, einen Schwerpunkt in der Struktur- oder aber der Ablaufplanung bilden und Aspekte der Rechnerunterstützung sowie Kostenplanung einbeziehen [5, 8, 22, 40, 51, 54, 55, 79 usw.].

Den meisten Ansätzen ist ein im wesentlichen dreistufiges Vorgehen gemein, das, ausgehend von Vorarbeiten zur Erfassung, Analyse und Bewertung von Eingangsdaten, im Verlaufe der Grobphase zur Entwicklung von Montageabläufen und -systemen gelangt, die in der anschließenden Ausarbeitungs- und Realisierungsphase verfeinert, umgesetzt und erprobt werden. Dabei führt der Planungspfad von dem eigentlichen Montageobjekt über die korrespondierenden Abläufe letztendlich zur Struktur beziehungsweise zum ausgestatteten System. Aufgrund der speziellen Anforderungen und unterschiedlicher Erfahrungen der Autoren wird mehrfach darauf hingewiesen, daß die vorgestellten Methoden nur eine beschränkte Allgemeingültigkeit aufweisen und daher nur als Richtlinien gelten können, wie im Einzelfall vorgegangen werden kann.

Einzel- und Kleinserienmontage	Serien- und Großserienmontage
- geringe Stückzahlen - hohe Variantenvielfalt, geringe Wiederholhäufigkeit - viele Neu- und Anpaßkonstruktionen - lange Durchlaufzeiten - hoher Anteil auftragsbezogener Montagearbeiten - wechselnde Aufgabenstellung für die Mitarbeiter - grobe Arbeitsunterweisung - hohe Abhängigkeit in der Auftragsabwicklung von Konstruktion, Einkauf und Fertigung - viele konstruktions-, ablauf-, fertigungs- und materialbedingte Störungen	- hohe Stückzahlen - steigende Variantenzahl, hohe Wiederholhäufigkeit - wenig Neu- oder Anpaßkonstruktionen in den laufenden Serien - kurze Durchlaufzeiten - geringer Anteil auftragsbezogener Montagearbeiten - gleichbleibende Aufgabenstellung für Mitarbeiter - detaillierte Arbeitsunterweisung - geringe Abhängigkeit von vorgelagerten Bereichen in der Auftragsabwicklung - geringer Anteil externer Störungen

© ₩ 233-02-00

funktionsorientierte Montageplanung	produktorientierte Montageplanung

Schwerpunkte: - Organisation
            - Senkung von Neben- und Rüstzeiten
	Schwerpunkte: - Technologie
	            - Optimierung des Montageprozesses

Abb. 8:   Auswirkung des Leistungstyps auf die Montageplanung [101]

Je nach produzierter Stückzahl der Erzeugnisse und den vorherrschenden Produktionsbedingungen in einer Montage müssen im Planungsablauf abweichende Gewichtungen vorgenommen werden (Abbildung 8). Die auftragsabhängige Einzel- und Kleinserienmontage komplexer Produkte bedingt eine funktionsorientierte Vorgehensweise, bei der in Abhängigkeit von der Produktstruktur die Organisation der Bereiche im Mittelpunkt steht und mittels Variantenbildung und -bewertung festgelegt wird [6, 39, 79]. Der Schwerpunkt der Montageplanung für Erzeugnisse mit Seriencharakter liegt demgegenüber in der produktbezogenen Sichtweise, wobei Lösungsaufwand und Qualität der Ergebnisse auf die effiziente Bildung von Abläufen und technologische Möglichkeiten der Mechanisierung und Automatisierung des Montageprozesses fokussiert sind. Voraussetzung ist hier, neben einer auch für die Einzel- und Kleinserienmontage relevanten montagerechten Produktstruktur und -konstruktion, die Standardisierung von Einzelteilen und Baugruppen zur Schaffung weitgehend variantenunabhängiger Montagebedingungen [8, 38, 54, 78].

Die Ablaufplanung auf der Grundlage der Montageablaufstruktur und unter Einbeziehung von Kapazitätsbetrachtungen stellt einen grundlegenden Teilbereich der Montageplanung dar. Ziel der Ablaufplanung ist es, auf Basis der durch den konstruktiven Aufbau des zu montierenden Erzeugnisses auszuführenden Montagetätigkeiten und deren Reihenfolgebeziehungen die Anzahl, den Aufgabeninhalt und -umfang sowie die Verkettung der erforderlichen Montagestationen zu bestimmen [5, 90]. Ausgangspunkt ist eine montageorientierte Erzeugnisgliederung, in der Einzelteile und Baugruppen im Hinblick auf Ablaufanalogien in Montageebenen zusammengefaßt werden. Die Montageablaufstruktur ergibt sich im Anschluß durch die Ableitung der logischen und zeitlichen Abfolge der einzelnen Teilverrichtungen bis zur Vervollständigung des Gesamtproduktes. Sie wird häufig in einem netzplanähnlichen Vorranggraph dargestellt und später durch strukturebenenbezogene Montagearbeitspläne unterlegt [8, 22, 90].

Im letzten Schritt der Montageablaufplanung wird die Festlegung der Arbeitsteilung vorgenommen, sofern zur Bewältigung der Montageaufgabe mehrere Mitarbeiter benötigt werden und eine undefinierte Arbeitsteilung nicht ausreicht. Hierzu kann ein Kapazitätsfeld aus Produktanzahl und Stückzeit entweder durch Splitten der Stückzeit und durch die Bildung von Teilverrichtungen zerteilt werden, oder es erfolgt eine Reduzierung der je Station zu montierender Menge bei gleichzeitiger Vervielfältigung der nötigen Arbeitsplätze; in der betrieblichen Praxis kommen meist beide Grundformen zum Einsatz [22, 29, 97].

Aufgrund der Komplexität der Montageaufgabe ist eine Rechnerunterstützung zur Rationalisierung und Verbesserung der Montageplanung an vielen Stellen sinnvoll und auch verwirklicht. So sind Werkzeuge zur Produktanalyse und Vorranggraphenerstellung entwickelt worden, es existieren ganzheitliche Lösungen zur Ablaufstrukturierung und Systemgestaltung in Fabrik und Montage, die rechnergestützte Layoutplanung und -simulation ist ebenso Stand der Technik wie die Roboterprogrammierung und die simulationsgestützte Optimierung des eigentlichen Fügeprozesses. Vielen Ansätzen ist darüber hinaus die Einbeziehung von Erfahrungs- und Expertenwissen aus Datenbanken sowie eine Integration in unternehmens- oder zumindest produktionsbezogene Umgebungen der Informationsbe- und -verarbeitung gemein [40, 53, 99, 106 usw.].

3.1.3. Lenkung und Betrieb von Montagesystemen

Die Auftragsabwicklung in der Montage umfaßt neben der Termin- und Kapazitätsplanung vor allem die Montagesteuerung, welche die Verteilung der Montageaufgaben sowie notwendiger Arbeitsunterlagen beinhaltet und den Montagefortschritt unter Einhaltung der Termin-, Kosten- und Qualitätsanforderungen verfolgt. Dazu veranlaßt, überwacht und sichert diese Lenkung die Bereitstellung von Personal, Betriebsmitteln, Flächen und Material, indem sie in Verbindung mit der Produktionsplanung und -steuerung (PPS) einen geschlossenen Auftragskreislauf bildet. Im Sinne einer Regelung stellt sie den Gleichlauf zwischen Materialfluß und Auftragsdurchlauf wieder her und führt beziehungsweise koordiniert die Montageabläufe im kurzfristigen Zeitbereich [90, 113, 115].

Grundsätzlich benötigt die Montage zur vollständigen Wahrnehmung ihrer Funktion ablaufbezogene Angaben in Form von Arbeitsplänen, Zeichnungen und Steuerungsdaten aus der Auftragsreihenfolge sowie Störungs- und Rückmeldeinformationen, die die Ausführung und Überwachung von Montageaufträgen ermöglichen. Bereichsbezogene Daten, etwa Liefertermine und -umfänge, aber auch Betriebsmittel-, Teilestammdaten und Normenkataloge, dienen, neben der Umsetzung ablaufbezogener Informationen, der Beratung vorgelagerter Bereiche in Konstruktion und Planung, mit dem Ziel einer montagegerechten Produktgestaltung und der rationellen, flexiblen Montageablauffestlegung [60].

Im Zusammenhang mit den einzelnen Funktionen der Montage ergeben sich unterschiedliche Steuerungsaktivitäten, die im wesentlichen Reaktionen auf terminliche, kapazitive und materialbezogene Zustände sind. Die Montageauftragsreihenfolge muß mittels aktueller Kapazitätsdaten aus Lager- und Transportwesen sowie auf der Grundlage von Verfügbarkeitsprüfungen für Personal, Betriebsmittel und Flächen gebildet werden. Für den abgeleiteten Materialbedarf sind anhand von Erzeugnisstruktur und Bestandsinformationen Einsteuerzeitpunkte für Einzelteile und Baugruppen zu bestimmen oder zu überprüfen. Schließlich müssen Störungen im Montageablauf kompensiert werden, die bei Engpässen in der Materialanlieferung oder in der Verfügbarkeit von Betriebsmitteln, Personal und Flächen zu Tage treten; hier geben insbesondere Anpaß- und Kontrolltätigkeiten im Montageprozeß Aufschluß über einzuleitende technische oder dispositive Strategien [60, 73]. Auch für die Steuerung der vorgelagerten Fertigungsabschnitte bestehen Bezüge zu einzelnen Montagefunktionen, da sich die Fertigungsauftragsreihenfolge häufig am Montageprogramm und dem daraus resultierenden Montagebedarf orientiert. So können sich dort Veränderungen im Hinblick auf neue Bereitstellzeitpunkte auswirken, Rohmaterial- und Halbfabrikatebestände sind gegebenenfalls neu zu bewerten und Störgrößenreaktionen müssen in Abstimmung mit der Montage umgesetzt werden [60, 90].

Die organisatorische Einbindung der Montagesteuerung ist abhängig vom Determinierungsgrad des abzuarbeitenden Ablaufes und wird damit über den Leistungstyp der jeweiligen Montage bestimmt. In der manuellen Einzel- und Kleinserienmontage komplexer Produkte muß die Arbeitszuteilung am aktuellen Betriebsgeschehen orientiert sein, der Handlungsspielraum und die Qualifikationspotentiale des Montagepersonals sind im Hinblick auf eine maximale kapazitive und terminliche Flexibilität zu nutzen. Eine zentrale Rolle nimmt in diesem Rahmen ein Montagevorarbeiter oder -meister ein, der anhand ständig aktualisierter Auftragsübersichten Materialabrufe auslöst, die Montageumfänge gezielt verteilt und Rückmeldungen erreichter Meilensteine vornimmt [66, 115]. Die Schaffung eines autonomen Bereiches zur Montagesteuerung ist nur im Falle einer umfangreichen und automatisierten Serienmontage zweckmäßig. Hier werden auf der Basis periodischer Auftragszuweisungen kurzfristige Belegungen für das flexible Montagesystem simuliert, geplant und eingesteuert; Hilfsmittel wie auch Material werden reserviert und im Zusammenspiel mit logistischen Funktionen angefordert. Störungen werden analysiert und durch geeignete Reaktionsstrategien abgefangen, Zwischen- und Fertigmeldungen schließlich protokolliert und verdichtet weitergegeben [38, 90].

3.2. Merkmale und Modelle einer modernen Unternehmensorganisation

Nachdem die Montage vorstehend strukturell und organisatorisch sowie hinsichtlich ihrer Planung und Lenkung umfassend charakterisiert worden ist, sollen im folgenden Gegebenheiten und Entwicklungen in der Beschreibung und Gestaltung der Organisation von Produktionsbetrieben schlaglichtartig aufgezeigt werden. Diese Darstellung ist erforderlich, um die Merkmale und eine anschließende Konzeption der flexiblen Montage im Kontext des Unternehmens zu begründen beziehungsweise zu verdeutlichen.

3.2.1. Grundtendenzen einer zukünftigen Ausrichtung

Zunehmende Anforderungsvielfalt aus Markt und Wettbewerbsumfeld und eine gleichzeitig komplexer werdende Technik auf Produkt- und Produktionsseite erfordern umfassende organisatorische Veränderungen und die Einbeziehung des Menschen zur Beherrschung und Bewältigung der veränderten Gesamtsituation. Ausgelöst durch einen - zu Beginn der 90er Jahre veröffentlichten - umfassenden Denkansatz aus Maßnahmen und Methoden, die ein sogenanntes schlankes Unternehmen charakterisieren, greift mittlerweile die Einsicht Raum, daß wirksame Verbesserungspotentiale nur in einer ganzheitlichen Optimierung von Produktentwicklung, Zulieferkette, Fabrikbetrieb und Kundenservice liegen. Insbesondere das Zusammenspiel und die Integration aller am Produktionsprozeß beteiligten Elemente, eine objekt- und prozeßorientierte Sichtweise in allen Unternehmensabläufen und die schnelle Information und Kommunikation untereinander wie auch mit externen Dienstleistern führen zu einer Abschwächung und sogar Beseitigung arbeitsteiliger Prinzipien; Vereinfachung zu sicheren und zuverlässigen Prozessen ermöglicht kurzfristige Reaktionen in kleinen Regelkreisen und stellt die Basis effizienter Automatisierung dar [145, 156].

Eine ganzheitliche Gestaltung von Wertschöpfungsketten ist in [94] durch vier Leitideen für eine zukunftsweisende, flexible Fabrik geprägt:

O Die Komplexität von Abläufen und Anlagen muß verringert oder andernfalls durch den Einsatz entsprechender Mittel beherrschbar gemacht werden.

O Die Gestaltung von Arbeitsplätzen, -inhalten und -abläufen muß auf die Bedürfnisse und Fähigkeiten des Menschen abgestimmt sein.

O Die simultane, integrative Planung von Produkt und Produktion muß entlang der gesamten Prozeßkette mittels systemischer Integration durch einheitliche Datenmodelle und Projektgruppenarbeit angelegt werden.

O Mit Hilfe einer innovativen, flexibel und modular aufgebauten Produktionstechnik, die fortschreitend automatisiert werden kann, können Kundenforderungen rasch umgesetzt und Marktentwicklungen aktiv mitbestimmt werden.

Diese Leitideen implizieren eine Neuorientierung im Produktionsbetrieb, die als dynamischer Prozeß im Einklang mit den Unternehmenszielen aufzufassen ist, um Veränderungen der Umwelt durch interne Ziel- und Maßnahmenbündel zu begegnen und eigene Handlungspotentiale auf dem Wege eines permanenten Verbesserungsprozesses zu aktivieren [23, 153].

3.2.2. Ganzheitliche Modellvorstellungen und zeitgemäße Strategien für Produktionsunternehmen

Im Vorfeld der folgenden Ausführungen sollen die, im Zusammenhang mit Modellvorstellungen vom Fabrikbetrieb, vielfach auftretenden Begriffe kurz allgemein ausgeführt und abgegrenzt werden.

Ein *Prozeß* bezeichnet eine ablauforganisatorische Zusammenfassung von Elementaraufgaben, die durch einen endlichen Zeitbedarf und die komplexe Vernetzung mit anderen Prozessen definiert ist [42]. Ein Prozeß umfaßt aufeinander wirkende Vorgänge, durch die Materie, Energie oder Information umgeformt, transportiert oder auch gespeichert werden [28]. Dabei kann eine Unterscheidung direkter Prozeßelemente, die einen unmittelbaren Wertschöpfungsbeitrag am Produkt leisten, von den indirekten Prozeßelementen, die einen Ressourcenverzehr auch ohne Wertschöpfungszuwachs bewirken, vorgenommen werden.

Betriebliche Aufgaben werden durch eine Prozeßkettenbildung funktionsüber-greifend integriert [35]. Ein Prozeß kann Vorgänge in einem *System* umfassen, welches eine abgegrenzte Anordnung von Komponenten darstellt, die Eigen-schaften besitzen und miteinander in Beziehung stehen [28]. Ein System ist cha-rakterisiert durch sein Ausmaß von Offenheit, Dynamik, Zweck- und Zielorien-tiertheit sowie Komplexität und dadurch, inwieweit die Elemente voraussagbar oder eher zufällig aufeinander einwirken [123]. Denkmodelle, Arbeitsmethoden und Organisationsformen, die sich auf die Planung, die Gestaltung und den Betrieb komplexer technischer Systeme in technischen und soziotechnischen Anwendungen beziehen, sind Gegenstand der Systemtechnik [89]. Das Vorhan-densein eines geplanten oder real existierenden Systems ist Ausgangspunkt der Bildung eines *Modells*, das die vereinfachte Nachbildung des Originalsystems in anderer begrifflicher oder gegenständlicher Form darstellt [129]. Aufgrund unterschiedlicher Sichtweisen und Erkenntnisziele ergeben sich für ein Original-system, etwa den Produktionsbetrieb, abweichende Modellvorstellungen (pro-blembezogene Ausschnitte), die in ihrer Summe niemals den Informationsgehalt des ursprünglichen Systems wiedergeben [116].

3.2.2.1. Strukturierung und Gestaltung des Produktionsbetriebes

In den vergangenen 50 Jahren hat die Produktion aus der Entwicklung der Marktanforderungen und dem Fortschritt in den Produktionstechnologien verschiedene, grundlegende Veränderungen erfahren (Abbildung 9).

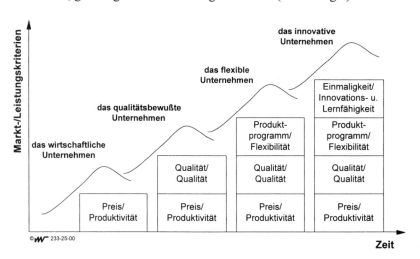

Abb. 9:   Evolution der Produktion im Unternehmen [157]

So genügte es im Laufe der Zeit nicht mehr, preiswürdige Produkte durch eine Erhöhung der Produktivität anzubieten, dem Qualitätsbewußtsein der Kunden mußte zunehmend mit hochwertigen Erzeugnissen entsprochen werden. Heute sind Vielfalt und Unverwechselbarkeit in Verbindung mit Reaktionsschnelligkeit und Liefertreue zusätzliche marktbestimmende Wettbewerbskriterien, die nur mittels hoher Flexibilität, Innovations- und Lernfähigkeit sowie Lernbereitschaft des gesamten Unternehmens realisiert werden können [157].

Infolge immer komplexerer Aufgabenfelder erfordern somit auch Ansätze der Fabrikplanung eine ganzheitliche Sicht und Vorgehensweise, indem ein geschlossenes Konzept die Prozeß- und Systemgestaltung, die Organisation, die Informations- und Materiallogistik, die Rolle des Menschen und Beziehungen zur Umwelt einbezieht. Im Unterschied zur klassischen Planung, die, meist iterativ und zum Teil simultan, relevante Ressourcen des geplanten Produktionssystems letztendlich in aufeinanderfolgenden Teilplanungsschritten bestimmt, ist hier eine integrierte Methode von Vorteil. Dabei werden die Planungsfunktionen zur Bestimmung aller erforderlichen Ressourcen in Teilbereichsplanungen gegliedert, die untereinander durch eine einheitliche Datenbasis, eine informationstechnische Kopplung der Planungsmethoden und die Integration von Planungsfunktionen harmonisiert werden [158]. Wenn auch dieser integrierte Ansatz aufgrund mangelnder Systemunterstützung und unzureichender Datenlage heute eine Vision darstellt, sollte doch der ganzheitliche Charakter einer modernen Fabrikplanung festgehalten werden, deren Durchführung den Einsatz heterogener Planungsteams von Spezialisten angebracht erscheinen läßt.

Konzeptionelle Überlegungen sowie Planungs- und Strukturierungsansätze aus unterschiedlichsten Bereichen haben in der Vergangenheit zu einer großen Vielfalt von - zum Teil redundanten - Modellvorstellungen und Gestaltungsregeln für die zeitgemäße Organisation von Produktionsbetrieben geführt. Einige sollen hier, auch vor dem Hintergrund der Zielsetzung dieser Arbeit, kurz vorgestellt beziehungsweise eingeordnet werden. Ausgangspunkt der Darstellung sind zunächst herkömmliche Beschreibungsansätze, die vorwiegend der Erläuterung interner und externer Unternehmensstrukturen in der betriebwirtschaftlichen Theorie dienen. Im Zuge der zeitlichen Entwicklung von Unternehmen können einzelne Phasen unterschieden werden, die jeweils, zu einem bestimmten Zeitpunkt und unter dem Einfluß einer Gesamtstrategie, durch eine charakteristische Ausprägung von Organisationsformen zur effizienten Ablaufgestaltung im Gesamtunternehmen und seinen Teilbereichen gekennzeichnet sind.

Die lineare Organisation stellt das einfachste Prinzip der internen Strukturierung dar, indem Weisungen und Informationen streng vertikal und häufig gefiltert weitergeleitet werden. So wird eine klare Kompetenz- und Verantwortungsverteilung bei Einzel- und auch Mehrfachunterstellung realisiert, die jedoch zu Schwerfälligkeit und Starrheit des Gesamtsystems führt. Um hier vor allem in wachsenden Unternehmen Abhilfe zu schaffen, werden einzelnen Linienfunktionen Stabsstellen als Dienstleister zur Erfüllung entscheidungsvorbereitender Teilaufgaben beigeordnet. Die funktionale Organisation schafft verrichtungsorientierte Aufgabenbereiche, die, durch Arbeitsteilung und Spezialisierung, die optimale Gestaltung der Funktionsbereiche und eine exakte Bemessung ihrer Ressourcen ermöglichen. Wächst ein Unternehmen jedoch weiter, so ist der Übergang auf eine objektbezogene Struktur sinnvoll, die zum Beispiel ein Erzeugnis oder einen Regionalmarkt zum Ausgangspunkt der Organisation macht. In sogenannten Sparten, Divisionen oder Geschäftsbereichen sind Aufgaben, Kompetenzen und Verantwortlichkeiten eindeutig verteilt, sie ermöglichen eine schnelle, flexible Anpassung an Marktanforderungen und können je nach Kapital- oder Gewinnverantwortung als Cost- oder Profit-Center angelegt sein. Allerdings kann die Unabhängigkeit von Geschäftsbereichen die Zielerreichung des Gesamtunternehmens unterlaufen, Doppelarbeit und ineffizienter Ressourcenansatz können das Gesamtergebnis beeinträchtigen. Weiterentwicklungen stellen daher die Matrix- und Tensororganisation dar, die zwei- oder mehrdimensionale Linienstrukturen (für Produkte, Funktionen, Märkte, etc.) aufspannen und vor allem in Großunternehmen eingerichtet werden. Problematisch ist bei dieser Organisationsform, daß trotz hoher Flexibilität und Reaktionsfähigkeit Kompetenzstreitigkeiten auftreten, die durch die Mehrfachvergabe von Einflußnahme und Verantwortlichkeit entstehen. Zusätzlich zu allen genannten Organisationsformen werden häufig temporäre Projektorganisationen aufgebaut, die bestehende Strukturmuster zur Bewältigung spezifischer Vorhaben überlagern oder eigenständig zur ausschließlichen Projektabwicklung eingerichtet werden. Abschließend sollen noch die Holding-Organisation (dauerhafte Beteiligung), die überbetriebliche Projektorganisation (vorübergehende Projektverträge) und die Bildung strategischer Allianzen (Zusammenarbeit selbständiger Partner) als Vertreter externer Organisationsformen genannt werden, ohne diese hier weiter auszuführen [44, 45, 46, 110, 155 usw.].

Nachdem bisher mehr oder weniger klassische Organisationsmodelle vorgestellt wurden, die aufgrund geänderter Rahmenbedingungen entstanden und angepaßt worden sind, sollen jetzt neuere Ansätze betrachtet werden, die aktuelle Umfeldbedingungen sowie Zielkriterien von vornherein einbeziehen und dabei auch die Produktion zum Gegenstand konkreter Überlegungen machen.

Der konzeptionelle und methodische Ansatz der 'fraktalen Fabrik' faßt Erkenntnisse, Erfahrungen und bestehende Lösungen aus unterschiedlichen Wissenschaftsbereichen mit dem Ziel zusammen, diese für die Strukturierung und Organisation von Unternehmen in einem größeren Zusammenhang nutzbar zu machen und umzusetzen. Kernelement stellt das bei der mathematisch-geometrischen Beschreibung natürlicher Strukturen eingesetzte Fraktal dar. Es ist gekennzeichnet durch die Selbstähnlichkeit von Strukturen sowie durch das Verhalten des Gesamtsystems und seiner Elemente hinsichtlich der verfolgten Ziele; darüber hinaus betreibt es eine weitgehende und zielkonforme Selbstorganisation und Selbstoptimierung im großen wie im kleinen Rahmen. Übertragen auf den Produktionsbetrieb wird ein offenes System angestrebt, das aus selbständig agierenden, in ihrer Zielausrichtung ähnlichen, Einheiten aufgebaut ist. Sie befinden sich in einem kontinuierlichen Entwicklungsprozeß und erlauben, den Aufbau einer vitalen, dynamischen und dabei flach gegliederten Organisationsstruktur [68, 135]. Insofern liefert die Modellvorstellung von der fraktalen Fabrik vor allem Beschreibungsformen und Denkanstöße für die Dynamisierung und Humanisierung in neuen dezentralen Organisationsformen, bietet jedoch für praxisrelevante Aufgaben nur begrenzte Übertragungsmöglichkeiten und nicht ausreichende Detailinformationen.

Wesentlicher Bestandteil der 'modularen Fabrik' sind Fertigungssegmente, die produktorientierte Einheiten der Organisation darstellen, in die planende und steuernde Funktionen ebenso wie verschiedene Abschnitte des Produktentstehungsprozesses eingegliedert sind und die eine eigene Wettbewerbsstrategie bei Kosten-, Termin- und Qualitätsverantwortung verfolgen. Die Planung und Gestaltung von Fertigungssegmenten beginnt mit einer Markt- und Wettbewerbsanalyse, die die Basis zur Trennung logistischer Ketten (vertikal) schafft. Anschließend erfolgen Abgrenzungen innerhalb der einzelnen Ketten (horizontal), die im Ergebnis einer Wirtschaftlichkeitsbetrachtung sowie Risiko- und Sensitivitätsanalysen unterzogen werden. Als Ausprägungsformen für Fertigungssegmente stehen Fabrik- und Führungsmodule zur Verfügung, die im Rahmen einer Reorganisation und Organisationsentwicklung zu einer modularen Fabrik zu gestalten und zu verknüpfen sind. So entsteht eine flexible, reaktionsschnelle, informationsdurchlässige und flache Unternehmensorganisation, die eine starke Konzentration auf die eigentliche Wertschöpfung in der logistischen Kette zuläßt und bei der der Mensch im Mittelpunkt des Betriebsgeschehens steht [102, 151, 153]. Kennzeichnend für den Ansatz der Fertigungssegmentierung in der modularen Fabrik ist die produkt- und materialflußorientierte Ausrichtung des Unternehmens, wobei Strukturierungskonzepte der Dynamisierung und Zielsynchronisierung eine eher untergeordnete Rolle spielen.

Vergleichbare Überlegungen und Modelle lassen sich auch in der internationalen Literatur finden, wie die folgenden Beispiele zeigen. Die 'Focused Factory Organization' verfolgt das Ziel der Bildung von Fabriken in der Fabrik, die jeweils auf eine begrenzte, handhabbare Gruppe von Produkten, Technologien, Stückzahlen und Märkten ausgerichtet sind und damit auftretende Zielkonflikte vermeiden. Flexible Teilfabriken (subplants), die Erzeugnisse der gleichen Produktfamilie herstellen, werden zu Teilfabriken-Clustern zusammengefaßt, die aus Gründen der Leitungsspanne nicht mehr als 300 Mitarbeiter beschäftigen sollten. Integraler Bestandteil der Teilfabriken sind Bereiche der Materialwirtschaft, der Wartung und Instandhaltung sowie der Konstruktion und Planung; ebenso sind Mitarbeiter der allgemeinen Verwaltung und Administration den dezentralen Teilfabriken zuzuordnen, wofür neue Formen der Arbeitsorganisation und Führung entwickelt werden müssen [50].

Grundgedanke des 'Business Reengineering' ist es, Aufgaben in der Fabrik zu analysieren und durch radikale Neugestaltung wieder zu kohärenten Unternehmensprozessen zusammenzuführen. Mitarbeiterteams beschäftigen sich mit einem vollständigen Geschäftsprozeß, indem sie durch Ideen, Erfahrungen und Fachkenntnisse aktiv neue kreative Lösungen entwickeln. Folglich ergeben sich ablauforganisatorische Neuerungen im Hinblick auf die Schaffung dezentraler, autonomer Bereiche, die nach dem Kunden-Lieferanten-Prinzip verknüpft sind; die Informationstechnologie wird eingesetzt, um im Rahmen neuester technischer Möglichkeiten neue prozeßorientierte Arbeitsweisen einzuführen. Mitarbeiter werden qualifiziert und arbeiten in selbstorganisierenden Teams mit hoher Kompetenz und Eigenverantwortung, wodurch Hierarchien in der Organisation spürbar verflachen. Die angesprochene Radikalität des Reengineering stellt im übrigen einen gewissen Unterschied zur intelligenten und konsequenten Weiterentwicklung von Stärken und Chancen beim Aufbau einer schlanken Produktion im umfassenden Konzept des 'Lean Management' dar [49, 91, 131].

Eine 'New Corporation' wird gekennzeichnet sein durch kaum wahrnehmbare Barrieren zwischen dem Angestelltenbereich und Mitarbeitern in der Produktion, zwischen Unternehmensfunktionen und -abteilungen sowie zwischen einem Produktionsbetrieb und seiner Umwelt. Dazu wird zunächst eine Anpassung der Arbeitsprozesse und Fähigkeiten an zukünftige Anforderungen vorgeschlagen, die gefolgt sein muß von einer Neugestaltung flacher und beweglicher Strukturen und die abgeschlossen wird durch die Einrichtung der zeitgemäßen Infrastruktur und Arbeitsorganisation [118]. Ein weitgreifendes Konzept stellt das der 'Service Factory' dar, die Kundenanforderungen umfassende Dienste und Angebote flexibel entgegenstellen kann. Die Vielfalt der sich überlappenden Dienste erfordert ein offenes System mit schneller Kommunikation auf der Grundlage von Teamstrukturen und verketteten Prozessen [24].

Grundlage des St. Galler Management-Konzeptes ist ein Organisationsprofil, das sechzehn Strukturdimensionen und acht Idealtypen von Organisationen integriert. Als Extremtypen können die stabilisierende Organisation, mit ihrer formalen, technokratischen Aufbauorganisation vertikal-hierarchischer Prägung

und gestaltet nach dem Prinzip der Fremdorganisation, und die entwicklungs-
fähige Organisation, die eine personengebundene, symbolorientierte Prozeßgestaltung bei flacher Konfiguration aufweist und nach dem Prinzip der
Selbstorganisation gestaltet ist, unterschieden werden. Durch Einordnung von
existierenden Organisationsformen oder Modellvorstellungen in das Gesamt-
profil können Ziele einer Organisation verdeutlicht und auf das zugrunde-
liegende Menschenbild geschlossen werden [44].

Merkmal der überwiegenden Mehrzahl dieser Ansätze und Überlegungen ist ein
hoher Grad von Verallgemeinerung und Abstraktion, so daß sowohl die
Strukturen und Abläufe in der Unternehmensorganisation als auch die beschriebenen Vorgehensweisen vieldeutig bleiben und daher in der Praxis weniger von
Nutzen sind. Die nun folgenden Ordnungsansätze und Modellvorstellungen
beschäftigen sich im wesentlichen mit der Gestaltung der Produktion und ihrer
Rolle im Unternehmen.

So wurden in Schweden in den 70er Jahren Fertigungsformen entwickelt und
erprobt, die in der Abkehr von arbeitsteiligen Prinzipien eine mitarbeiter-
bezogene Sichtweise in den Mittelpunkt stellten, um Effizienz und Kunden-
respektive Marktausrichtung der Produktion zu verbessern. Konzepte wie Paral-
lelgruppen als Alternative zur Fließfertigung sowie Produktwerkstätten und
Fließgruppen als Antworten auf die Werkstattfertigung wurden als Ergebnisse
realisiert. Kerngedanken waren die Erhöhung von Arbeitsinhalten und die
Kompletthersetllung von Produkten oder Teilefamilien in Gruppen, bei erweiterter Autonomie in der Bestimmung von Arbeitstakten und bei der Wahrnehmung
dispositiver Aufgaben in zuverlässigen, schnellen Produktionssystemen. Dieses
führte zur Dezentralisierung von Organisationen bis hinein in die Verwaltungs-
bereiche und zu einer verbesserten Kommunikation und Zusammenarbeit unter
den Mitarbeitern [3].

Das Konzept der 'Organisationswabe' ist auf Forschungsgrundlagen aus dem
Bereich der Kybernetik zurückzuführen, welche zielgerichtete Systeme belie-
biger Zusammensetzung im Hinblick auf Struktur und Verhalten untersucht. Der
Produktionsbetrieb wird in autonome und teilautonome Einheiten aufgeteilt, in
denen die Produktion unabhängig von übergeordneten Strukturen abläuft und
Störungen weitestgehend selbst behoben werden; die Unternehmensstruktur
kann sich innerhalb vorgegebener Randbedingungen an seine Umwelt anpassen.
Das auf der Gruppentheorie basierende Modell baut sich aus Produktionswaben
auf, die ein bestimmtes Aufgabenspektrum möglichst autonom erfüllen sollen.
Merkmale der Wabe sind neben den Schnittstellen zum Integrationssystem und
zur Umwelt die innere Veränderbarkeit und ihr Inselcharakter, der Möglichkeiten der variablen Anordnung eröffnet [95].

Die 'kleinen Einheiten' in der Produktion schließlich sind nach den Prinzipien der Ganzheitlichkeit, Dezentralisierung und Autonomie individuell gestaltet. Gemeinsam ist ihnen dabei die Konzentration auf ein Produkt mit Produktverantwortung und organisatorischer Autonomie, eine überschaubare Größe von 50 bis 220 Mitarbeitern und eine Mitarbeiterorientierung aus der Erkenntnis heraus, daß hier die eigentliche Quelle von Qualitäts- und Produktivitätssteigerungen liegt. Kleine Einheiten bilden Subsysteme der Werke, die untereinander nach Prinzipien der Solidarität und Subsidiarität in Beziehung stehen [120].

Diese produktionsbezogenen Ansätze lassen generell eine durchgängige Einordnung in eine zeitgemäße Unternehmensorganisation, gezeigt etwa anhand einer ganzheitlichen Modellvorstellung von Strukturen und Prozessen, vermissen.

Abschließend sei noch kurz auf Vorstellungen und Interpretationen vom Wandel in der Gestaltung, Lenkung und Entwicklung organisatorischer Unternehmensbereiche hingewiesen. Die Erkenntnis, daß Produktionsbetriebe komplexe, nichtlineare und evolutionäre Systeme mit selbstähnlicher Struktur sind, hat zu der Forderung geführt, daß das Management derartiger Systeme die Selbstorganisation so einsetzen muß, daß sich Unternehmen bezüglich der eigenen Ergebnisse an innere und äußere Veränderungen - wie ein lebender Organismus - anpassen beziehungsweise anpassen können. Die Entwicklung der Organisation wird als Lernprozeß aller Beteiligten durch Mitwirkung und praktische Erfahrung gesehen, um die Effizienz und Qualität der Organisation zu steigern. In überschaubaren, dezentralen und autonomen Bereichen können Auswirkungen eigener Handlungen durch eine kurze Rückkopplung in kleinen Regelkreisen schneller erkannt und Korrekturen vorgenommen werden [77, 81, 147, 153].

3.2.2.2. Arbeitsorganisation und Leistungsförderung

Einen wichtigen Aspekt im Zusammenhang mit der Gestaltung und Einführung moderner Formen der Unternehmensorganisation stellt die Organisation der Arbeit dar. Es besteht die Notwendigkeit, Technologieeinsatz, Organisation und den Einsatz von Humanressourcen gemeinsam zu optimieren, um die Ziele des Unternehmens zu erreichen. Durch ökonomische Umweltveränderungen und den sozialen Wertewandel ist eine erhöhte Anpassungsfähigkeit und Dynamik von Unternehmen gefordert, die in einem hohen Ausmaß vom Kenntnisstand, dem Leistungsvermögen und der Motivation der Mitarbeiter in einer Organisation abhängig sind [11, 121].

Die Arbeitsorganisation stellt ein Teilgebiet der Arbeitsgestaltung dar, die ihrerseits noch die Arbeitsplatz- und Umgebungsgestaltung in ein Konzept der soziotechnischen Systemgestaltung einbezieht. Arbeitsorganisation wird als das

Schaffen des aufgabengerechten, optimalen Zusammenwirkens von arbeitenden Menschen, Betriebsmitteln, Informations- und Arbeitsgegenständen definiert, das durch systematische Gliederung und Gestaltung des Arbeitsablaufes nach aufgabenmäßigen, inhaltlichen und zeitlichen Gesichtspunkten erreicht wird [52, 93]; sie umfaßt dabei eine aufbau- und ablauforganisatorische Komponente. Ganzheitliche Gestaltungsansätze fordern neben der Steigerung der Wirtschaftlichkeit und dem Erhalt beziehungsweise Ausbau der Leistungsfähigkeit und Qualifikation aller Mitarbeiter weiterhin die Minimierung von Belastungen und Beanspruchungen, die Erweiterung von Arbeitsinhalten, eine Mitbestimmung in betrieblichen Entscheidungsprozessen und informationelle Selbstbestimmung sowie die Sicherung des Arbeitsverhältnisses bei angemessenem Entgelt [70].

Gegenwärtig ist allgemein eine starke Tendenz zur Aufhebung der hohen Arbeitsteiligkeit durch die arbeitsorganisatorische Maßnahme der Einführung von Gruppen oder Teams zu beobachten. Im Zusammenhang mit der Prozeßorganisation im Unternehmen verschiebt sich der Fokus einer Auslastungsorientierung zunehmend auf die Durchlauforientierung (Abbildung 51).

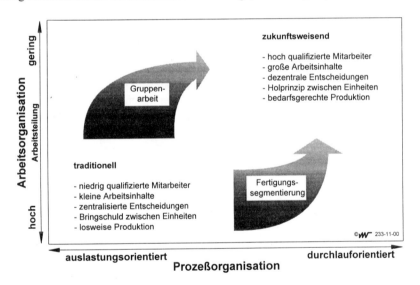

Abb. 10: Entwicklung von Arbeits- und Prozeßorganisation [109]

Die Einrichtung dezentraler Einheiten, beispielsweise Zellen oder Segmente, die autonom und selbstorganisierend eine höhere Flexibilität und damit eine bedarfsgerechte Produktion realisieren, erfordert hoch qualifizierte Mitarbeiter, die eigenverantwortlich und gemeinsam größere Arbeitsinhalte komplett erledigen und vor Ort auch eigene Entscheidungen treffen können [109].

Die Organisation der Arbeit in Gruppen orientiert sich am Arbeitsablauf und kann temporär zur Lösung bestimmter Probleme und Aufgaben oder auf Dauer in Form von integrierten Arbeitsgruppen, zum Beispiel in der Fertigung, geschehen. Insbesondere mit der dauerhaften und formalen Einrichtung von Gruppen sollen drei Funktionen erfüllt werden: Neben der effizienten Ausführung von Routinetätigkeiten wird von den Gruppenmitgliedern die selbständige Lösung von Problemen des Arbeitsbereiches im Sinne einer kontinuierlichen Verbesserung sowie der Erwerb von Mehrfachqualifikationen zur Erhöhung der Flexibilität und Produktivität durch die Beherrschung mehrerer Arbeitsplätze erwartet [15, 57]. Im Rahmen neuer Formen der Arbeitsorganisation werden zur Strukturierung der Tätigkeiten in der Gruppe neben der Verringerung von Zeitzwängen die quantitative Arbeitserweiterung und der systematische Arbeitsplatzwechsel sowie die qualitative Arbeitsbereicherung und die Einsetzung teilautonomer Arbeitsgruppen angeboten [43, 52]. Die Gruppe selbst setzt sich aus einer begrenzten Anzahl von Mitarbeitern zusammen, die von anderen Personen im Unternehmen abgegrenzt sind und direkt, unter Teilung gemeinsamer Normen und Verhaltensvorschriften, miteinander arbeiten und kommunizieren. Die Größe der Gruppe muß sich am Arbeitsanfall und den Erfordernissen von Kontinuität und Störungsfreiheit des Prozesses orientieren, sollte in der Regel aber nicht mehr als 15 Personen und einen Gruppensprecher als Bindeglied zu Außenstehenden umfassen [15, 45]. Im übrigen werden die Begriffe Gruppen- und Teamarbeit in der neueren Literatur meistens gleichwertig nebeneinander verwendet, so daß auch hier keine weitere Differenzierung erfolgen soll.

In der Vergangenheit wurden in Unternehmen eine Reihe von Gruppenaktivitäten implementiert, die sich in ihrer Zielsetzung und zeitlich-inhaltlichen Ausprägung unterscheiden. Qualitätszirkel sind organisierte Kleingruppen, die sich auf freiwilliger Basis zur Diskussion arbeitsbezogener Probleme treffen, um die Qualität von Dienstleistungen und Produkten sowie die eigene Arbeitssituation zu verbessern. Eine Ähnlichkeit zum Prozeß der kontinuierlichen Verbesserung japanischer Prägung ist hierbei gegeben [16, 57]. Der Werkstattzirkel unterliegt einer größeren thematischen und strukturellen Beschränkung und eröffnet den Mitarbeitern geringere Einflußmöglichkeiten als der Qualitätszirkel. Die Auswahl der Teilnehmer erfolgt nach ihrer Betroffenheit vom jeweiligen Thema, die Aufgabenstellung wird vorgegeben und zeitlich begrenzt. Eine Lernstatt wird zur Vertiefung betrieblicher Erfahrung, zur Erweiterung des Grundwissens und der sozialen Kompetenz sowie zur Förderung der Kommunikation eingerichtet. Die Teilnehmer treffen sich auf freiwilliger Basis regelmäßig und erweitern ihre Leistungsfähigkeit durch Selbsterfahrung, Fremdberatung und aktives Lernen über die Qualität der Arbeit und der Produkte [63, 83]. Die weitreichendste neue Form der Arbeitsorganisation ist die der teilautonomen Arbeitsgruppe, wie sie in den 80er Jahren vom Ausschuß für Wirtschaftliche Fertigung (AWF) vor allem für flexible Organisationskonzepte in der Fertigung erarbeitet wurde. Kennzeichen ist die räumliche und organisatorische Zusammenfassung von Betriebsmitteln im Sinne der Gruppentechnologie, um Produktteile oder Endprodukte möglichst vollständig zu fertigen. Dazu wird unter Verzicht auf eine starre Arbeitsteilung der Dispositionsspielraum des einzelnen erweitert und eine weitgehende Selbststeuerung von Arbeits- und Kooperationsprozessen ermöglicht. Die Autonomie der Gruppe kann sich auch auf Personalfragen, Fragen des Produktionsprogrammes, der Investitions- und Finanzplanung sowie der Gewinnverteilung erstrecken. Erscheinungsformen reichen typabhängig von der Einzellösung bis zu einer Ausweitung auf eine komplette Fertigung oder sogar einen Unternehmensbereich [4, 96, 117].

Unter dem Eindruck der beschriebenen strukturellen Veränderungen in der Unternehmensorganisation und den Anforderungen einer zunehmend auftragsbezogenen Herstellung sind neue arbeitsorganisatorische Ansätze auch in nicht unmittelbar produzierenden Bereichen des Fabrikbetriebes notwendig. Der technischen Auftragsabwicklung und allen Tätigkeiten zur Entwicklung von Produkten und Produktionseinrichtungen kommt eine besondere Bedeutung bei der Erhöhung der Flexibilität und Fehlersicherheit, der Verkürzung von Durchlaufzeiten und der wirtschaftlichen und übergreifenden Auslegung von Produkten und Prozessen zu. Die Integration der Bereiche Entwicklung, Konstruktion, Arbeitsvorbereitung und Produktion dokumentiert sich einerseits in dem ereignisorientierten Austausch von Planungs- und Steuerungsinformationen über einen verteilten Systemverbund zur integrierten Auftragsplanung und -steuerung; dadurch werden Mitarbeiter unterschiedlicher Bereiche durch ein Kommunikationssystem in die Lage versetzt, ein Aufgabenfeld auch ohne räumliche Nähe als Gruppe mit bestimmten arbeitsorganisatorischen Merkmalen zu bearbeiten [48, 119, 125]. Andererseits werden zur Synchronisation von Produkt- und Produktionsentwicklung interdisziplinäre Teams gebildet, die durch projektorientiertes Simultaneous Engineering fachübergreifende Initiativen zur Reduzierung von Zeiten, Aufwänden und Fehlern entwickeln und einleiten. Die Teams setzen sich aus acht bis zwölf Teilnehmern aus allen notwendigen Unternehmensbereichen und Fremdfirmen zusammen; sie bedienen sich verschiedener Hilfsmittel und greifen auf moderne Informationssysteme zurück, um Teilaufgaben umfassend und aktuell bearbeiten zu können [145, 154].

Einen besonderen Stellenwert im Zusammenhang mit neuen Formen der Unternehmens- und Arbeitsorganisation nimmt neben der Qualifikation die Förderung von Motivation und Leistung der Mitarbeiter ein. Es müssen Voraussetzungen geschaffen werden, die Veränderungen in der Ablauf- und Aufbauorganisation nicht an Abteilungs-, Entlohnungs- und Kompetenzgrenzen scheitern lassen. So kommt insbesondere der Frage der Entgeltfindung eine entscheidende Rolle zu,

wobei neben dem einzusetzenden Entlohnungsgrundsatz die Methode, nach der
der Grundsatz verwirklicht und die Abhängigkeit von Anforderung und Leistungsergebnis differenziert werden soll, zu bestimmen und auszulegen ist [92,
104]. Speziell gruppenorientierte Arbeitsformen werfen hier Probleme und
Fragen auf, die sich für die klassische Entlohnung in Einzelarbeitssystemen
dergestalt nicht stellen (Abbildung 11). Durch zusätzliche Anforderungsarten
und erweiterte Leistungsmöglichkeiten erbringen einzelne Mitarbeiter weniger
differenzierbare und damit quantifizierbare Beiträge zum Gesamtergebnis eines
Teams, das darüber hinaus nach überwiegend systembezogenen Kenndaten
bewertet wird. Somit stellt die Wahrung der Entgeltgerechtigkeit bei gleichzeitiger Schaffung von Leistungsanreizen für den einzelnen und die Gruppe eine
vielschichtige Aufgabe bei der Erarbeitung des Gruppenentgeltsystems dar [71].

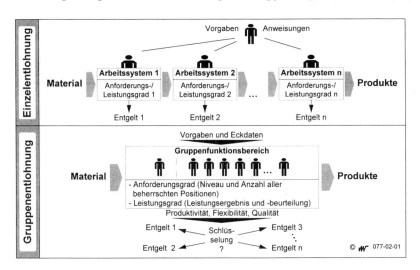

Abb. 11: Prinzip der Einzel- und Gruppenentlohnung

Forderungen an zukünftige, prämienorientierte Entgeltsysteme gehen daher in
die Richtung, Statusunterschiede und damit Konkurrenzdenken in Gruppen
durch eine gleichartige Entlohnung zu reduzieren, die erfolgsbeeinflussende
Parameter für die Gruppenleistung, aber auch das individuelle Mitarbeiter-
verhalten einbezieht und dabei für den einzelnen Mitarbeiter noch transparent
und nachvollziehbar bleibt [52, 112]. Außerdem wird gegenwärtig die Verein-
heitlichung von Entgeltstrukturen diskutiert, indem für Lohn- und Gehalts-
empfänger gemeinsame Eingruppierungskriterien und Entgeltgruppen bei weniger Entgeltgrundsätzen vorgeschlagen werden, um Probleme der klassischen
Arbeitsbewertung und resultierende Inkonsistenzen zu beheben [58, 70, 86].

Um das Entstehen von Konflikten und Leistungsverlusten, trotz hoher Qualifikation der Mitarbeiter und dezentraler Gruppenstrukturen im Unternehmen, zu begrenzen, ist es notwendig, arbeitsorganisatorische Einheiten für die Ziele des Unternehmens zu gewinnen, indem mit ihnen Vereinbarungen über akzeptierte und attraktive Ziele getroffen und eine zielbezogene Rückmeldung und eigenverantwortliche Zielerreichung verabredet werden. Eine Schlüsselrolle spielt hier im Produktionsbereich der Meister, der als Betreuer von Gruppen produkt-, prozeß- und personalbezogene Aufgaben hat. Er verdeutlicht den Teams insbesondere die Unternehmensziele und vereinbart und fixiert die daraus abgeleiteten gruppenspezifischen Ziele hinsichtlich der zu erreichenden Produktionsergebnisse [17, 65]. Für jeden Verantwortungsbereich sind angepaßte Kennzahlen beziehungsweise Zielgrößen zu ermitteln, die relevante Felder der Unternehmensstrategie operationalisieren. Es sollte ein Controlling durchgeführt werden, das über die reine Kostenbetrachtung hinaus durch Planung, Analyse, Information und Kontrolle bestimmender Zielparameter die konsequente Regelung und Steuerung in angepaßter Auflösung möglich macht; praxisrelevante Merkmale eines solchen durchgängigen Systems sind vor allem seine Ziel-, Entscheidungs- und Zukunftsorientierung [31].

3.3. Forschungsarbeiten zur Planung und Gestaltung insbesondere der Montage im Rahmen der Unternehmensorganisation

Aus den vorangegangenen Abschnitten geht hervor, daß die Montage eine Kernaktivität im Produktionsbetrieb darstellt, die einen wesentlichen Beitrag zum wirtschaftlichen Ergebnis und zum Markterfolg eines Unternehmens leistet. Aufgrund der Vielfalt und Komplexität von Montageobjekten und -abläufen existiert eine Fülle von Strukturen und Gestaltungsformen, die jeweils einer spezifischen Montageaufgabe gerecht werden. Analog dazu sind auch für die Planung und Lenkung einer Montage unterschiedliche Methoden und Systeme vorhanden, die häufig nur unter bestimmten Rahmenbedingungen nutz- oder einsetzbar sind. Bemerkenswert ist der hohe Stellenwert von Interaktionen der Montage mit vorgelagerten Bereichen der Produktgestaltung, Vorbereitung und Planung, aber auch mit überlagerten Funktionen der Koordination und Bereitstellung von Information sowie Material; die Qualität dieser Beziehungen prägt maßgeblich die Wirtschaftlichkeit und Flexibilität einer Montage.

Vor diesem Hintergrund und unter dem Eindruck der beschriebenen Modellvorstellungen und Gestaltungsregeln aktueller Konzepte der Unternehmens- und Arbeitsorganisation sollen nun ausgewählte Planungs- und Strukturierungsansätze für die Montage im Hinblick auf die thematische Ausrichtung dieser Ausarbeitung untersucht werden.

3.3.1. Abgrenzung ausgewählter Ansätze und Entwicklungen

Grundlegende und umfassende Überlegungen zur Planung der Montage stellt MIESE [79] für Unternehmen der Einzel- und Kleinserienproduktion an. Er erkennt frühzeitig die Notwendigkeit, in den vorgelagerten Produktionsbereichen die Belange der Montage zu berücksichtigen. Den eigentlichen systematischen Planungsvorgang gliedert er in zwei Phasen, indem zunächst das Montagesystem und seine Organisationsform bestimmt und einer rechnergestützten Bewertung unterzogen werden, bevor in der Feinplanung die Ressourcen (Einrichtungen, Flächen, Personal) und ablaufrelevante Details (Zeitermittlung und Materialbereitstellung) festgelegt werden. Eine Systematik zur automatischen Erstellung von Montageplänen, die Resultate des Planungsvorganges zu Arbeitsunterweisungen verdichtet, schließt die Arbeit ab. Ausgangspunkt der Untersuchungen von UNGEHEUER [124] ist die Feststellung, daß die montagegegerechte Produktstrukturierung die Grundlage der anforderungsgerechten Montagestrukturierung in einer Einzel- und Kleinserienproduktion bildet. Dazu muß die auf der Basis von Eingangsinformationen entstandene funktionale Gliederung neuer oder vorhandener Produkte montageorientiert umgesetzt werden und dient dann der Ableitung einer zweckmäßigen Montagestruktur. Die Methode der Montagestrukturierung führt zunächst, unter Einbeziehung von Eingangsinformationen und aufbereiteter Planungsgrößen, zu einer Grobstruktur, die in der Folge durch Gestaltung und Ausstattung zu einer Feinstruktur weiterentwickelt und einer Wirtschaftlichkeitsuntersuchung unterzogen wird. Eine weitere Systematik zur Planung und zum Aufbau der Einzel- und Kleinserienmontage stellt HOESCHEN [55] vor. Das Planungssystem gliedert sich in drei Phasen, von denen die Grobplanungsphase in Form einer Montagestudie und die Feinplanungsphase als Montagebereichsplanung Gegenstand der Arbeit sind. Die Montagestudie ermittelt aus Produkt- und Produktionsdaten relevante Planungsangaben (wie Montageumfänge, -struktur und -bereiche) für die folgende Bereichsplanung und legt ein auf längere Zeit gültiges Montagekonzept fest. Die Detaillierung eines Konzeptes beginnt mit der Ablaufplanung, die Aufgabenumfänge und -inhalte der Montagestationen bestimmt, und schließt mit der Ausrüstungs- und Personalplanung für den Montagebereich ab.

Im Bereich flexibel automatisierter Montagesysteme der Serien- und Massenmontage legt MERZ [78] den Schwerpunkt auf die systematische Strukturplanung, um vor allem eine höhere Planungssicherheit und -qualität für die Investitionsplanung zu erreichen. Er konzentriert sich dabei auf drei Planungsebenen, für deren Teilbausteine anschließend im Rahmen eines Gesamtplanungskonzeptes Methoden der Strukturplanung entwickelt werden. So werden für einen Montageteilbereich die Anzahl der Systeme, die Flexibilität und Ausbringung sowie Funktionsprinzipien ermittelt und es entstehen Grobkonzepte. Anschließend werden Montagesysteme durch Abgrenzung von Vor- und Hauptmontagen gebildet und die Wahl der organisatorischen und räumlichen Anordnung sowie der Steuerungsprinzipien findet statt. So können schließlich Teilsysteme hinsichtlich Automatisierungsgrad, Verkettung und Bereitstellorganisation ausgelegt werden. Die Planung teilautomatisierter, hybrider Montagesysteme mit dem Ziel einer aufwandsoptimierten Bestimmung optimaler Systemkomponenten ist Gegenstand der Methodik von BICK [8]. Es findet eine Beschränkung auf die Grobplanung statt, in der die wesentlichen technischen und wirtschaftlichen Randbedingungen des Systems festgelegt werden. Das Vorgehen beginnt mit der Phase der Vorbereitung, in der abgegrenzte Baugruppen Teilsystemen zugeordnet werden. Während der Prozeßanalyse erfolgt eine Selektion der hinsichtlich einer Automatisierung näher zu untersuchenden Prozesse, die dann, unter Berücksichtigung funktionaler Randbedingungen und prinzipieller Automatisierungskonzepte, zu Prozeßsystemlösungen mit ihren eingesetzten Komponenten, korrespondierenden Aufwänden und Nutzungsgraden entwickelt werden. Daraus wird schließlich, bei Beachtung einzelner Restriktionen, die Synthese von Teilsystemen vorgenommen; für die Durchführung dieser Stationsbildung wurde eine Rechnerlösung realisiert und erprobt.

In dem Bemühen, Planungsgenauigkeit und -sicherheit in der Montage weiter zu verbessern und die Vorteile einer informationstechnischen Unterstützung auch in diesem Planungsbereich besser zur Geltung zu bringen, sind in der letzten Zeit eine Reihe rechnergestützter Hilfsmittel entwickelt worden, von denen einige hier kurz vorgestellt werden sollen.

Zur Unterstützung der Arbeiten im Grobplanungsabschnitt bietet AMMER [5] eine rechnerunterstützte Ablaufstrukturierung mit einer Darstellung anhand von Vorranggraphen an. Ausgehend von vorliegenden erzeugnisspezifischen Informationen wird systemgestützt zunächst die Ablaufgliederung und ihre Veranschaulichung je Baugruppe erstellt. Später kann durch Aggregation der Angaben zu den Erzeugnisbaugruppen die Gliederung von Abläufen und Aufgaben für das Produkt durchgeführt und im Vorranggraphen dargestellt werden. Vor allem für die Serienmontage hat SAUER [97] zwei Programme zur Kapazitätsplanung realisiert, mit denen Systemkonzeptionen mengenorientiert in ihren Teilsystemen und ablauforientiert in Art und Anzahl der Montagestationen festgelegt und simulativ untersucht werden können.

Eher in den Bereich der Feinplanung für die Serienmontage fällt die von KALDE [62] entwickelte EDV-gestützte Methodik zur Bestimmung der Flexibilität von Handhabungs- und Montageeinrichtungen. Aus einer Datei mit herstellerneutralen Lösungsträgern zur Auslegung von Montagestationen können auf der Grundlage des Ablaufplanes prinzipielle Lösungsträger für eine Montagestation zusammengestellt werden, die dann in einem weiteren Programmbaustein hinsichtlich ihrer Funktions-, Objekt- und Störungsflexibilität bewertet werden. Hinweise auf die Gestaltung manueller Montagesysteme unter Berücksichtigung der personellen Flexibilität gibt im übrigen BADER [6] auf der Grundlage umfangreicher Befragungen und eigener Untersuchungen. Mit Hilfe eines von ESCH [32] entworfenen und realisierten Systems für die Feinplanung stationärer Montagen können mittels elementorientierter Beschreibung einer Montageaufgabe Abfolgen, Hilfsmitteleinsatz, Vorgabezeiten und Arbeitsgangbeschreibungen ermittelt und verdichtet in Montagearbeitsplänen ausgegeben werden.

Einen generalistischen Ansatz zur Informationsverarbeitung bei der Planung automatischer Montagesysteme wählt SCHÄFER [99], indem er ein Datenmodell entwickelt, das gestaltbezogene und alphanumerische Objektrepräsentationen integriert, dadurch die Abbildung aller für die Montageplanung relevanten Informationen (Objekte, Aufgaben, Ressourcen) zuläßt und so den Planungsprozeß wirkungsvoll unterstützt. Ähnliche Merkmale besitzt das integrierte Gesamtkonzept nach SCHUSTER [106], wobei in der Arbeit neben der Prozeß- und Systemplanung auch Module zur Kalkulation und Investitionsrechnung definiert und implementiert werden. HARTMANN [51] leitet auf der Basis von Montagefunktionen und des Werteverzehres innerhalb einzelner Ressourcen (Personal, Betriebsmittel, Gebäude/Flächen, Material, Information, Finanzen) ein differenziertes Kostenmodell ab, das als rechnergestütztes Hilfsmittel zur gesamtheitlichen Planung und Gestaltung von Erzeugnis sowie Montageprozeß in der Serien- und Großserienproduktion eingesetzt werden kann. Die Arbeiten von HEUSLER [54] und ABELS [1] beschäftigen sich mit der Entwicklung von Simulationssystemen zur Optimierung von flexibel automatisierten Montageanlagen. Es stehen vor allem die Layoutplanung mit Kollisionsüberwachung, die Puffer- und Materialflußgestaltung sowie die Entwicklung von Steuerungsstrategien im Mittelpunkt der Untersuchungen.

Vor dem Hintergrund der Unterstützung von Steuerungsentscheidungen zur Optimierung der Montageabläufe erarbeitet VOIGTS [130] ein Verfahren zur Planung und Steuerung variabel nutzbarer Montagebereiche im Anlagenbau. Eine CAD-gestützte Datenerfassung geht der Analyse von Flächen- und Personalbedarf voraus, die wiederum Grundlage einer rechnergestützten Layoutplanung und Flächenbelegungssimulation ist. Eine interaktive Montageauftragssteuerung sichert dann die Umsetzung des Planungsergebnisses und ermöglicht zudem die flexible Personaleinsatzplanung und ein Störungsmanagement. Ebenfalls eine Verknüpfung von Planung und Steuerung weist ein Programmsystem von PEFFEKOVEN [90] für den Einsatz in der Einzel- und Serienmontage auf. Ein Modul ermittelt zunächst alternative Abläufe aus Montage- und Rahmendaten, die in Form von stationsbezogenen Arbeitsplänen, Personalbedarfslisten und anderem zur Verfügung gestellt werden. Diese finden Eingang in die integrierte Montagesteuerung bei der Bestimmung von Auftragsreihenfolgen, der Ermittlung von Materialbedarfen und der Unterlagenerstellung für den Prozeß. Darüber hinaus werden in einer Vielzahl weiterer Veröffentlichungen unter verschiedenen Blickwinkeln, wie zum Beispiel in [60, 66, 73, 115], weitere Hinweise und Methoden zur Gestaltung und Steuerung der Montageabläufe angeboten.

Welche Zielsetzungen aus den Gegebenheiten in der Planung und Gestaltung der Montage, vor allem auch in Verbindung mit den zuvor skizzierten Entwicklungen in der Unternehmens- und Arbeitsorganisation, abzuleiten sind, ist nun Gegenstand der folgenden Ausführungen.

3.3.2. Fazit zum Stand der Forschung und Handlungsbedarf

Aus den vorangegangenen Ausführungen ist klar geworden, daß die Montage einen komplexen Produktionsbereich darstellt, der zudem in hohem Maße durch Aktivitäten und Festlegungen vorgelagerter Abschnitte im Auftragsdurchlauf beeinflußt wird. Zusätzlich treten in der Montage auch Anforderungen und Rahmenbedingungen des Kundenmarktes spürbar in Erscheinung und erfordern damit insgesamt ein hohes Ausmaß an Flexibilität und Effizienz von Strukturen und Abläufen.

Darüber hinaus zeichnet sich eine substantielle Veränderung in der Organisation von Produktionsbetrieben und in den Arbeitsformen, die darin gewachsen sind, ab. Die Orientierung auf ganzheitliche Geschäfts- und Produktionsprozesse, die von autonomen, verketteten betrieblichen Einheiten mit erweitertem Handlungsspielraum getragen werden, bedingt geschlossene Ansätze bei der Strukturierung und Gestaltung von Unternehmen. Prinzipien und Kriterien müssen durchgängig angewendet werden, Interaktionen bedürfen der Neugestaltung und Schnittstellen müssen formalisiert werden.

Vor diesem Hintergrund kann für die planerischen und gestalterischen Ansätze zum Themenkreis der Montage festgestellt werden, daß hier eine Reihe von Methodiken und Systematiken entwickelt und realisiert worden sind, die durchaus manchen Teilaspekten und Merkmalen gegenwärtiger Entwicklungen gerecht werden. Es wird jedoch im Grunde keine ganzheitliche Sicht - in Verbindung mit einer durchgängigen Konzeption von der Montage einschließlich ihrer Rolle in einem dynamischen Fabrikbetrieb - vorgestellt und insofern auch hinsichtlich des planerischen Vorgehens und der Gestaltungsparameter nicht in Einzelheiten entwickelt. Die strategischen und modellhaften Ansätze der Unternehmens- und Arbeitsorganisation sind hier nur insoweit von Nutzen, als sie grundsätzliche Prinzipien und Kriterien liefern, die jedoch im konkreten Einsatzfall der Montage nur als Orientierungshilfen und Handlungsrahmen einer spezifischen Ausprägung dienen können.

Aus dieser Erkenntnis heraus ist es notwendig, zunächst eine - aus der Sichtweise der Produktion abgeleitete - umfassende Modellvorstellung von der Struktur und Funktionsweise eines modernen Unternehmens zu entwerfen. In dieser modellhaften Vorstellung muß anschließend die vollständige Integration einer zeitgemäßen Montagestruktur und -organisation erfolgen, die eine maximale Flexibilität und Wirtschaftlichkeit zum einen intern und zum anderen im dynamischen Unternehmenskontext sowie in Reaktion auf Marktanforderungen entfalten kann. Für ein derartiges flexibles Montagekonzept muß dann das eigentliche planerische Vorgehen erarbeitet und in der Praxis eingesetzt werden.

Das Planungsvorgehen sowie die praktische Gestaltung und Realisierung eines flexiblen Montagekonzeptes wird im Rahmen dieser Arbeit am Beispiel einer manuellen Einzel- und Kleinserienmontage von komplexen Großerzeugnissen ausgeführt beziehungsweise erprobt.

4. Modellvorstellung eines dynamischen Produktionsbetriebes

Die Ausgangssituation in den Unternehmen ist dadurch gekennzeichnet, daß zum einen eine Vielzahl technischer Einzel- und Gesamtlösungen integrierter Produktionssysteme bekannt und verfügbar sind, und daß sich zum anderen die Erkenntnis durchgesetzt hat, daß vor allem der Mensch, und mit ihm die Organisation der Arbeit, der ausschlaggebende Faktor für eine effiziente Nutzung aller vorgehaltenen Lösungen ist. Einen weiteren wichtigen Ausgangspunkt bei der Suche nach verbesserten Konzepten bildet die Einstufung der Werteflüsse (Erlösfestlegung, Kostenverursachung und -abrechnung) auf einer zumindest gleichrangigen Betrachtungsebene mit den Material- und Informationsflüssen im Unternehmen.

Merkmale neuer Ansätze zur Strukturierung, Ausstattung und Organisation in der Produktion sind die objektorientierte Gliederung von Bereichen und die Integration von Aufgaben und Kompetenzen in dezentralen Einheiten, wodurch eine Bereinigung und Beruhigung von Abläufen erreicht wird, die gleichzeitig zu verbesserter Nutzung und einer Verflachung von Hierarchien führt [147]. Verallgemeinert man dieses Prinzip der Dezentralisierung von Wissen und Kompetenz über den eigentlichen Produktionsbereich hinaus auf andere technische und allgemeine Unternehmensbereiche, so wird man zu einer Struktur gelangen, die idealtypisch jederzeit und an jedem Ort situations- und umfeldoptimal handeln und reagieren kann. In dieser Organisation wird neben einer sicheren Beherrschung von Produktionsabläufen die Selbstoptimierung ganzheitlicher Geschäftsprozesse auf der Grundlage autonomer und lernender Strukturen möglich sein. Wesentliche Bedeutung kommt dabei der integrativen Nutzung der Humanressourcen zu, die durch unternehmensweite Übertragung von Gruppenarbeitskonzepten unter Einbeziehung von Leitlinien eines kontinuierlichen Verbesserungsprozesses und von Konzepten eines umfassenden Qualitätsmanagements verwirklicht wird.

Dementsprechend wird in diesem Abschnitt, ausgehend von den Integrationsstufen in der Produktion, eine vollständige Modellvorstellung von einem Unternehmen entwickelt, das sich aus abgeschlossenen und eigenverantwortlichen Einheiten, die steuerbar und untereinander sowie nach außen definierte Kunden-Lieferanten-Beziehungen unterhalten, zusammensetzt. Kennzeichnende Eigenschaft dieser Unternehmensorganisation ist ihre *Dynamik*, das heißt, sie besitzt Energie und Bewegung in Form von innerer Betriebsamkeit und Veränderungsfähigkeit aller ihrer Mitglieder, Strukturen und Abläufe. Die Dynamik äußert sich in flexibler Reaktion auf veränderte Anforderungen respektive aufgetretene Störungen und führt zu einer zeit-, aufwands- und qualitätsoptimierten betrieblichen Zielerreichung.

4.1. Systematisierung der Produktionsorganisation

Heutige Anforderungen an Flexibilität, Produktivität und Qualität erfordern eine stärkere Produktorientierung mit dem Ziel einer Entflechtung verrichtungs-orientierter Produktions- und Arbeitsbeziehungen. Um den Widerspruch zwischen Automation auf der einen und Flexibilität auf der anderen Seite abzubauen, sind eine Reihe von rechnerunterstützten Fertigungskonzepten entwickelt worden, die anhand ihrer Produktivität, der Auftragslosgröße, der Anzahl unterschiedlicher zu bearbeitender Werkstücke sowie mittels des Integrations- und Automatisierungsgrades differenziert und eingeordnet werden können. Da Fertigungssysteme in der Regel umfangreiche und komplexe Einrichtungen darstellen, deren Planung im übrigen nicht im Ganzen durchgeführt werden kann, ist eine Untergliederung in kleinere, unabhängig im Rahmen einer funktionalen Betrachtungsweise planbare Einheiten, erforderlich [147].

Die systemtechnische Betrachtungsweise führt generell zu mehreren Ebenen einer Integration, wobei die Übergänge an den Strukturierungsgrenzen immer als fließend zu betrachten sind. Häufig werden in diesem Zusammenhang abweichende Bezeichnungen verwendet, so daß an dieser Stelle, ausgegehend von der Gliederung flexibler Fertigungssysteme, eine problembezogene Strukturierung von Produktionssystemen aufgebaut werden soll. Sie kann in der Folge sinngemäß auch auf andere Unternehmensbereiche übertragen werden und damit den Aufbau einer vollständigen Modellvorstellung von einem Produktionsbetrieb ermöglichen.

4.1.1. Integrationsstufen in Fertigung und Montage

In Anlehnung an eine Vielzahl von Strukturierungsansätzen für die Teilefertigung und Montage wird auch in dieser Arbeit einer grundsätzlichen Dreiteilung der Integrationsstufen produzierender Systeme gefolgt [8, 47, 61, 93, 144 u.a.], wobei festzustellen ist, daß sich im Laufe der Zeit der Integrationsgrad je Strukturebene, in Richtung höherer Funktionseingliederung schon auf den niederen Ebenen, verschoben hat (Abbildung 12).

Kleinste Teileinheit soll vor diesem Hintergrund der eigentliche Arbeitsplatz in der Fertigung oder Montage sein, an dem ein Prozeß in seinen Einzelfunktionen, wie dem Zuführen, Spannen, Bearbeiten/Fügen und Messen, abläuft. Der Arbeitsplatz kann als konventioneller Handarbeitsplatz, als NC-Maschine oder einzelne automatische Montageeinheit sowie auch als Bearbeitungszentrum gestaltet sein, wobei notwendige Hilfs- und Prüfmittel sowie Handhabungseinrichtungen zur Verfügung stehen. Der Prozeß verarbeitet informatorische und materielle Eingangsgrößen und schließt mit der Ausgabe des Ergebnisses und einer Fertigmeldung für die vorgesehenen Operationen ab. Dieser abgrenzbare Funktionsumfang soll im folgenden als *Arbeitsprozeßebene* oder, in Anlehnung an [47] für die Montage, als *Komponentenebene* bezeichnet werden.

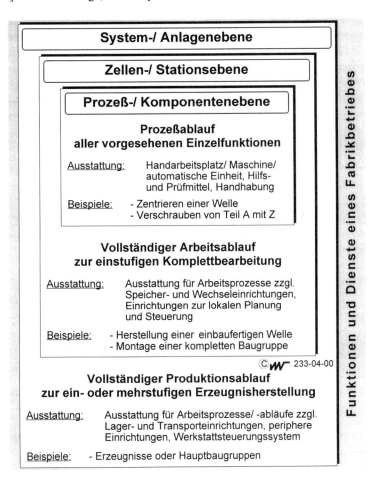

Abb. 12: Stufen der Integration in der Produktion

Die zweite Integrationsebene ist gekennzeichnet durch die Möglichkeit zur Bewältigung einer vollständigen Arbeitsaufgabe im Hinblick auf die Komplettbearbeitung eines Teiles oder einer Baugruppe. Dazu werden mehrere Arbeitsvorgänge gebildet, die zum Beispiel durch Verfahrensintegration in einer Werkzeugmaschine durchgeführt werden können. Neben der technischen Ausrüstung für den Arbeitsprozeß sind Einrichtungen für die Speicherung und den Wechsel von Werkstücken und Hilfsmitteln vorhanden sowie entsprechende logistische Ausrüstungen und lokale Einrichtungen zur Durchführung von Planungs- und Steuerungsaufgaben (z.B. NC-Programmierung) integriert. Diese Strukturebene soll als *Zellenebene*, oder nach [93] als *Stationsebene*, bezeichnet werden, in der definitionsgemäß eine vollständige Arbeitsaufgabe auf einer Bearbeitungs- oder Montagestation, in der mehrere Betriebsmittel respektive Arbeitsplätze vorhanden sein können, einstufig erbracht wird.

Die höchste Ebene in dieser Strukturierungssystematik wird schließlich durch die Zusammenfassung aller Arbeitsfolgen zur Herstellung eines Erzeugnisses aus Rohmaterial, Einzelteilen und Baugruppen gebildet. Dabei sind die Lagerung und der Transport im System ebenso eingeschlossen wie eine übergreifende Planung und Steuerung von Komponenten und Zellen durch ein Werkstattsteuerungssystem, das die Schnittstelle zu zentralen Informationssystemen des Unternehmens bildet. Außerdem sind periphere Einrichtungen des Betriebsmittel- und Prüfwesens sowie der Wartung und der Instandhaltung integriert. Arbeitsvorgänge werden zu einem vollständigen Fertigungsablauf verknüpft, der überwiegend mehrstufig, das heißt durch Anlauf verschiedener Stationen zur Abarbeitung einzelner ergänzender Teilvorgänge, realisiert wird. Diese Integrationsebene soll als *System-* oder auch *Anlagenebene* verstanden werden.

Fertigungs- oder Montagesysteme sind letztendlich eingebettet in die Struktur und Organisation des Fabrikbetriebes, der eine Reihe notwendiger Dienstleistungen für den jeweiligen Produktionsbereich erbringt und vor allem wesentliche Funktionen, etwa die Zulieferung von Komponenten, aber auch die technische Gestaltung und Planung von Erzeugnissen oder deren Vertrieb, übernimmt. Diesbezüglich ist eine zweckmäßige Integration von Systemen in technischer und organisatorischer Hinsicht durch die geeignete Formulierung und Gestaltung von Schnittstellen vorzunehmen, um eine verlustarme und gleichzeitig transparente Einbindung in den gesamten Material-, Informations- und Wertefluß zu erreichen.

Der gewählte Strukturierungsansatz bei der Bildung von Integrationsebenen in der Produktion läßt sich in zweierlei Hinsicht fortentwickeln und interpretieren. Zum einen werden so Anhaltspunkte für die Unterscheidung von Automatisierungskonzepten geschaffen, zum anderen besteht die Möglichkeit, Hinweise und Kriterien für die funktionale und organisatorische Gestaltung der Produktion im Unternehmen zu gewinnen.

Stellt man den drei Integrationsstufen in der Produktion den Grad der Automatisierung von Funktionen und Abläufen gegenüber, so lassen sich brauchbare Zuordnungen zwischen beiden Dimensionen finden (Abbildung 13). Es kann festgehalten werden, daß auf der Komponenten- beziehungsweise Prozeßebene überwiegend Funktionen der direkten Ausführung der Bearbeitung oder Montage automatisiert werden; diese Anwendung bildet im übrigen das Ziel und den Schwerpunkt betrieblicher Einsatzformen.

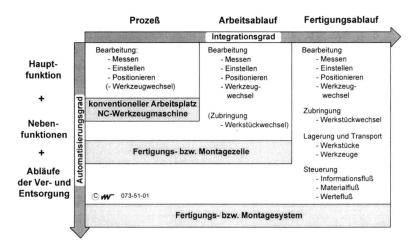

Abb. 13: Integrations- und Automatisierungsgrad in der Produktion, nach [61]

In einer Fertigungs- oder Montagezelle können zusätzlich Aufgaben flexibel automatisiert werden, die der Unterstützung der eigentlichen Hauptfunktion dienen oder Voraussetzungen zu ihrer Ausführung schaffen. Im System schließlich sind auch Abläufe der Ver- und Entsorgung automatisierbar, um einen kompletten Fertigungsablauf rationell zu betreiben [61]. Hier ist jedoch unter wirtschaftlichen Gesichtspunkten und vor dem Hintergrund der Entwicklung moderner Produktionskonzepte auf den richtigen und effizienten Einsatz zu achten.

Neben dieser Zuordnungsmöglichkeit können mittels der Stufenkonzeption auch Fertigungskonzepte funktional und bezüglich ihrer Gestaltungsmerkmale gegliedert werden. Beispielsweise erlangt eine flexibles Segment in der Produktion erst durch die Zusammenfassung leistungserstellender Zellen mit weiteren Funktionen und Dienstleistungen in der System- oder Anlagenebene eine bessere Reaktionsfähigkeit auf Veränderungen oder Störungen und eine stärkere Kunden- und Marktorientierung (Abbildung 14).

Es gelingt dadurch, produzierende Bereiche im Rahmen der Unternehmensorganisation auf die Bedingungen spezifischer Leistungsanforderungen abzustimmen und die Eigenverantwortlichkeit für Mengen, Termine, Qualität und Aufwände präziser zu fassen [148].

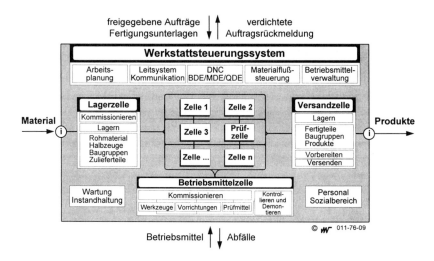

Abb. 14: Produktionssegment - flexible Zellen und integrierte Peripherie [142]

In den unterschiedlichen Fertigungs- oder Montagezellen des Segmentes sind Arbeitsprozesse mit allen notwendigen Einrichtungen zu aufgabenbezogenen Abläufen integriert und nach Gruppenprinzipien organisiert. Im Sinne einer Komplettbearbeitung liefern diese Zellen vollständige Arbeitsergebnisse anforderungsgerecht ab, wofür ihnen wiederum logistische und informationstechnische Hilfsmittel zur Verfügung stehen. So besitzen sie zum Beispiel Werkzeug- und gegebenenfalls Material- oder Werkstückspeicher, die die autonome Bearbeitung eines Auftragsvorrates mit Freiheitsgraden zur Selbstorganisation ermöglichen. Außerdem sind sie an betriebliche Informationssysteme angeschlossen, über die sie etwa Materialabrufe und andere Anforderungen absetzen können oder durch die Einsicht in relevante Produkt- und Arbeitsunterlagen genommen werden kann.

Gemeinsam mit den übrigen Stationen und verschiedenen peripheren Einrichtungen bilden diese Zellen als Segment eine eigenständige Einheit im Unternehmen, das Aufträge mit allen wichtigen Informationen übertragen bekommt und ein Produkt oder Ergebnis zu den vereinbarten Bedingungen ausliefern muß. Dazu sind planende und steuernde Funktionen in dieser Systemebene integriert, die eigenständiges Handeln und Disponieren unterstützen und interne Optimierungen zulassen. Zur Aufrechterhaltung der Arbeitsfähigkeit und im Sinne einer verursachungsgerechten Aufwandszuordnung sind Bereiche der Instandhaltung und Aufbereitung ebenso eingegliedert wie Wareneingangs- und -ausgangsfunktionen und eigene Lagerbereiche [145].

4.1.2. Übertragbarkeit der Systematik auf andere Unternehmensbereiche

Strukturelle Neuerungen und veränderte Marktanforderungen verlangen eine grundlegende Neustrukturierung von Unternehmen im Sinne einer mittel- und langfristigen Anpassung. Grundlage derartiger zukunftsorientierter Lösungsansätze muß die Entwicklung einer gesamtunternehmerischen Denkweise sein, die in allen Bereichen und auf allen Ebenen eines Produktionsbetriebes ausgeprägt ist. Einen besonderen Erfolgsfaktor der Neustrukturierung stellt die bessere und funktionsübergreifende Koordination respektive Synchronisation aller Vorgänge dar, die zum einen durch flußorientierte Organisationskonzepte und zum anderen mit dem Einsatz abteilungs-, bereichs- und unternehmensübergreifender Informationskonzepte umgesetzt werden kann [149]. Vor diesem Hintergrund ist der Betrachtungsrahmen, auch zur Erhöhung der Kostentransparenz und zur verursachungsgerechten Neuordnung von Aufgaben und Einflüssen, zu erweitern und auf alle direkt und indirekt wertschöpfend tätigen Unternehmensbereiche zu beziehen [100, 114].

Bezogen auf das soeben vorgestellte Strukturierungskonzept der Integrationsebenen bedeutet dieses, daß eine analoge Sichtweise auch auf Verwaltungs- und Dienstleistungsbereiche übertragen werden muß, um zu einer ganzheitlichen Modellvorstellung vom Unternehmen zu gelangen. Aus dieser Perspektive heraus können dann neuartige Fabrikstrukturen entwickelt und definiert werden, die das Fundament konkreter Bereichsorganisationen oder Abläufe bilden und dementsprechende Planungsansätze erforderlich machen.

Allgemein kann schon an dieser Stelle bemerkt werden, daß die getroffenen Differenzierungen für den Bereich der Produktion auch in anderen Unternehmensbereichen Anwendung finden können. So kann die Arbeitsprozeßebene im übertragenen Sinne auch einen Büroarbeitsplatz bezeichnen, an dem beispielsweise Daten erfaßt, Rechnungen erstellt oder Anstellungsverträge ausgefertigt werden. Einer Zelle oder Station im Bürobereich kann etwa die vollständige Konstruktion und Berechnung einer Erzeugnisbaugruppe übertragen worden sein, oder sie befaßt sich mit der kompletten Bewertung, Auswahl, Beauftragung, Vereinnahmung und Vergütung einer bestimmten Fremdleistung. Als ein System ist schließlich ein Projektierungs- und Entwicklungsbereich für eine Produktlinie oder ein Vertriebs- und Marketingbereich, der ein bestimmtes Marktsegment umfassend bearbeitet, vorstellbar.

Gegenstand und Aufgabe des nun folgenden Abschnittes ist es, diese Durchgängigkeit zum Ansatzpunkt einer Systematisierung von Unternehmensbereichen und -funktionen zu machen und eine veranschaulichende, modellhafte Vorstellung von einem dynamischen Produktionsbetrieb zu entwerfen.

4.2. Aufbau einer umfassenden Modellvorstellung von der Fabrik

4.2.1. Begriffsbestimmungen und Annahmen

Grundansatz bei der Entwicklung einer dynamischen Unternehmensorganisation ist die Schaffung abgeschlossener, eigenverantwortlicher und kundenorientierter Teileinheiten, die selbstorganisierend und dabei steuerbar sind und die untereinander in definierten Kunden-Lieferanten-Beziehungen mit festen Zielvereinbarungen stehen. Im Hinblick auf die Entwicklung einer diesbezüglichen Modellvorstellung sind an dieser Stelle zunächst einige Begriffe zur allgemeinen Beschreibung von Sachverhalten zu definieren und notwendige Prinzipien einzuführen. Daran anschließend kann dann die Synthese eines Modells vom Unternehmen und die generelle Beschreibung von Funktionen und Gestaltungsmerkmalen vorgenommen werden.

Das Ergebnis einer betrieblichen Leistungserstellung soll in dieser Arbeit in zwei grundsätzliche Kategorien unterteilt werden. *Materielle* Leistungen bezeichnen Arbeitsergebnisse oder Produkte, die durch das direkte Einwirken eines Betriebsmittels oder eines Mitarbeiters in der Fertigung eine Veränderung - möglichst mit Wertschöpfungszuwachs - erfahren und dabei gegenständlicher Natur sind. In diesem Sinne sollen Teile, Baugruppen und Erzeugnisse ebenso als materielle Leistungen wie Logistik-, Instandhaltungs- oder Prüfdienste an Objekten gelten. Demgegenüber sollen *immaterielle* Leistungen als Resultate betrieblichen Handelns verstanden werden, das ebenfalls verwertbare Ergebnisse durch entsprechenden Wertzuwachs hervorbringt, welche jedoch eher den Charakter von Darstellungen oder Ablaufbeschreibungen besitzen. So zählen zum Beispiel Konstruktionsunterlagen, Marktstudien oder auch die Programmierung und die Pflege von Computer-Software hierzu.

Eine weitere Unterscheidung soll nach der Funktions- und Marktfähigkeit von Unternehmensbereichen vorgenommen werden, welche zu den beiden Begriffen *Funktion* und, in Anlehnung an mehrere Autoren, *Segment* führt; diese sollen jetzt näher beschrieben und profiliert werden.

Ein *Segment* stellt im Kontext dieser Ausführungen ein geschlossenes und marktorientiertes System im Unternehmen dar, das die Erstellung definierter Leistungen komplett und mit der Verantwortung für die Realisierung ergebnisorientierter Zielstellungen vornimmt. Es ist durch die ihm überlassenen Kompetenzen und durch die Auswahl der eingegliederten Funktionen, vornehmlich zur Wahrnehmung von Planungs- und Steuerungsaufgaben, in der Lage, flexibel auf wechselnde Anforderungen oder Störungen zu reagieren und sich in Leistung und Effizienz fortzuentwickeln; somit bedarf es nur einer übergeordneten Koordination bestimmter Aufgaben im Unternehmen [142].

externe Abgrenzung	**S e g m e n t**	interne Ausprägung
• Geschlossenes, marktorientiertes und selbstorganisierendes System • Verbesserung bzw. Optimierung durch Lernfähigkeit und Selbstregelung • Verantwortung zur Umsetzung von ergebnisorientierten Zielvorgaben (Mengen, Termine, Kosten, Qualität)		
• Erstellung marktfähiger Güter und Dienstleistungen		• Zweckmäßiger und prozeßorientierter interner Aufbau
• Kunden-Lieferanten-Beziehungen nach außen bzw. untereinander		• Einordnung indirekter Funktionen nach dem Grad der Inanspruchnahme
• Steuerungseinheit sinnvoller Größe und Ausstattung		• Segment ist (Haupt-)kostenstelle, Segment-Output ist Kostenträger
• Integration direkter sowie Anteile indirekter Funktionen		• Übertragung von Vollmachten sowie Aufwands- bzw. Profitverantwortung

© WW 108-31-02

Abb. 15: Merkmale und Eigenschaften von Segmenten

Nach außen unterhält das Segment definierte Kunden-Lieferanten-Beziehungen zu anderen Segmenten im Unternehmen, aber auch zu externen Zulieferern und Abnehmern. Seine Größe und Ausstattung richtet sich nach Art und Menge der zu erbringenden Leistung und hängt davon ab, ob eine sinnvolle Grobplanung und -terminierung sowie Kapazitätsplanung für diesen Bereich durchgeführt werden kann. Der interne Aufbau orientiert sich an den Merkmalen und Verknüpfungen der durchzuführenden Prozesse und kann beispielsweise nach dem Zellenprinzip oder aber auch nach dem Fließprinzip geschehen. Die Zusammenfassung direkt leistungserstellender und anderer Funktionen im Segment erfolgt nach technischen und ablauforganisatorischen Notwendigkeiten sowie nach dem Grad der Inanspruchnahme. Eine verdichtete Aufstellung der Merkmale und Eigenschaften von Segmenten gibt im übrigen Abbildung 15.

Zur weiteren Vertiefung der Charakteristik von Segmenten, so wie sie hier in der Folge verstanden und verwendet werden, sollen an dieser Stelle noch einige Beispiele für Merkmalsausprägungen gegeben werden (Abbildung 16). Ein Segment erstellt Produkte beziehungsweise Dienstleistungen, die vom Kundenmarkt oder auch internen Abnehmern, das heißt von anderen Segmenten, abgenommen werden. Insofern läßt sich in der Segmentierung die Gliederung des Produktentstehungsprozesses im Unternehmen nachvollziehen; Erzeugniskonfigurationen, wie sie etwa der Vertrieb aus Kundenanfragen generiert, werden weiterverarbeitet zu konkreten Produktbeschreibungen, für deren Umsetzung wiederum die notwendigen Abläufe und Unterlagen festgelegt werden müssen. Diese immateriellen Leistungen finden ihre Abnehmer in Bereichen der materiellen Teile-, Baugruppen- oder Erzeugnisherstellung, die im übrigen nicht notwendigerweise im gleichen Unternehmen vorgenommen werden muß; beide Leistungsarten sind aufgrund ihrer Vollständigkeit und Marktbezogenheit durchaus auch für sich allein zu erbringen und absetzbar. Denn während ein Segment für materielle Ergebnisse die bekannten Merkmale von Kundenanforderungen zu erfüllen hat, gelten auch für immaterielle Leistungen, neben der Einhaltung von Termin- und Kostenrestriktionen, analoge wettbewerbsbestimmende Kriterien, wie etwa die Verwertbarkeit und Aktualität einer Beschreibung oder ihr Umfang und der Detaillierungsgrad.

materiell	Segmentmerkmale	immateriell
materielle Leistungen *Material, Teile, Baugruppen, Vorrichtungen, Oberflächenbehandlung, Prüfung*	**Produkte und Dienstleistungen**	**immaterielle Leistungen** *Produktbeschreibungen und -information, Ablaufbeschreibungen*
Ebene in der Erzeugnisstruktur *Material, Teile, Baugruppen, Endprodukt*	**Steuerungseinheit und Kostenträger**	**Ebene in der Ablaufstruktur** *Stufen der Produktbeschreibung und -information, Ablaufabschnitte*
Menge *Einzelteile, Lose, Prüfumfang* **Qualität** *Passungen, Toleranzen, Oberflächen* **sowie Termin und Kosten**	**Erfüllung von Kundenforderungen**	**Menge** *Umfang, Detaillierungsgrad* **Qualität** *Verwertbarkeit, Vollständigkeit, Aktualität* **sowie Termin und Kosten**
Direkte und indirekte Funktionen *Arbeitsplanung, Feinplanung und -steuerung, Bearbeitung in Fertigung und Montage, Überprüfung des Arbeitsergebnisses*	**Ausmaß der Funktionsintegration**	**Direkte und indirekte Funktionen** *Aufgabenplanung, Verteilung, Verfolgung und Koordination, Bearbeitung im Büro (evtl. am Bildschirm), Vollständigkeits-/Plausibilitätsprüfung*
Fertigungsart *Werkstatt-, Zellen- oder Fließprinzip*	**Abhängigkeit der Organisationsform**	**Problemstellung** *Einzel-, Team- oder Projektarbeit*
Aufwand für materielle Leistungen *Wertschöpfungsanteil, Abschreibungshöhe, Qualifizierungsaufwand* © WW 108-32-01	**Kriterien und Ausmaß von Verantwortung**	**Aufwand für immaterielle Leistungen** *Ablaufabschnitt, Beschreibungsumfang, Abschreibungs-/Qualifizierungsaufwand*

Abb. 16: Merkmalsausprägungen von Segmentarten

Das Ziel der Synchronisation von Material-, Informations- und Werteflu im Unternehmen wird bei der Bildung von Segmenten dadurch erreicht, daß eine Übereinstimmung von Planungs-, Steuerungs- und Abrechnungseinheit angestrebt wird. Das Vorgehen orientiert sich im Falle materieller Leistungen an den Ebenen einer standardisierten Produktstruktur mit einer segmentbezogenen und gleichzeitig prozeßorientierten Gliederung vollständiger und eigenverantwortlich herzustellender Teileinheiten; diese Sichtweise kann für die immaterielle Leistungserstellung auf die Ablaufstrukturen von Segmenten abgestimmt und erweitert werden, wodurch darüber hinaus aufwendige Umsetzungsvorgänge zwischen den Bereichen vermieden werden [139]. Auch im Hinblick auf eine transparente, verursachungsgerechte Kostenrechnung und Kalkulation sollte ein Segment eine abgeschlossene Leistung erzielen, die - wie beschrieben - aus Produkt- und Ablaufstrukturen abgeleitet ist. Indem Kosten den Verzehr von Gütern und Dienstleistungen, der in unmittelbarem Zusammenhang mit der Erstellung oder Verwertung einer betrieblichen Leistung steht, bewerten und somit eine Vergleichbarkeit und Verrechenbarkeit herstellen [126], wird durch eine geeignete Zuordnung von Kostenträgern und Kostenstellen zu Segmenten zugleich die Durchführbarkeit und Aussagefähigkeit betriebswirtschaftlicher Prozesse verbessert. Schließlich müssen - zusätzlich zu den unternehmensstrategischen Gesichtspunkten - die in einem Segment getätigten Aufwendungen zur materiellen oder immateriellen Leistungserstellung auch herangezogen werden, um Kompetenzen und Verantwortlichkeiten angemessen übertragen zu können; Aufschluß über die Höhe betriebener Aufwände können zum Beispiel Wertschöpfungsanteile, die ein Segment am Erzeugnis erbringt, sowie Ausgaben für Investitionen und Abschreibungen oder Mitarbeiterqualifizierungen, geben.

Als zweiter wesentlicher Begriff zur elementaren Unterscheidung der Funktions- und Marktfähigkeit von Unternehmensbereichen in dieser Arbeit wird nun die *Funktion* eingeführt und charakterisiert. Sie bezeichnet im Gegensatz zum Segment fachlich begrenzte Tätigkeiten, die nicht unmittelbar marktfähig sind, im Sinne eines Wertschöpfungsbeitrages am Produkt nur indirekt wirksam sind und vor allem im Unternehmen auch kein marktorientiertes System darstellen. Funktionen führen zu Einzel- und Gemeinkostenbelastungen des Erzeugnisses, die im Rahmen der klassischen Kostenrechnungssysteme häufig nicht verursachungsgerecht zugeordnet werden können. Formal sollen im weiteren zentrale Funktionen von Querschnittsfunktionen im Unternehmen abgegrenzt werden.

Zentrale Funktionen sind im Normalfall hinsichtlich ihrer zeitlichen oder fachlichen Kapazität nicht wirtschaftlich teilbar. Das heißt, sie führen Aufgaben aus, die, aufgrund ihrer hohen fachlichen Spezialisierung oder Inanspruchnahme, eine Dezentralisierung und Integration in eigenständige Bereiche (Segmente) nicht empfehlenswert erscheinen läßt. Hier ist zum Beispiel an kaufmännische oder allgemeine Verwaltungsaufgaben im Unternehmen oder an die Personalabteilung eines Großbetriebes zu denken. Diese Funktionen sind gleichwohl notwendig für die Aufrechterhaltung und ordnungsgemäße Durchführung einer ganzheitlichen und marktorientierten Leistungserstellung; sie übernehmen in vielen Bereichen daher übergreifende Koordinations-, Planungs- und Kontrollaufgaben auf der Grundlage vorgegebener Eckdaten und Rahmenbedingungen. Sie können von anderen Unternehmensbereichen als zentrale Dienstleister angesprochen beziehungsweise genutzt werden und vertreten darüber hinaus die Interessen des Gesamtunternehmens nach innen und außen.

Im Gegensatz hierzu lassen sich Querschnittsfunktionen kapazitiv sinnvoll teilen, da sie von leistungserstellenden Bereichen im Zusammenhang mit ihren eigenen originären Aufgaben direkt benötigt werden. Dieses trifft vor allem auf

Tätigkeiten der Planung, Steuerung und Qualitätssicherung zu, die bei überwiegender Inanspruchnahme durch beispielsweise ein Segment diesem auch zugeordnet werden. Andere Bereiche, die diese Fähigkeiten von Fall zu Fall in Anspruch nehmen müssen, treten dann als Kunde für eine Dienstleistung dieses Segmentes auf. So erfolgt eine angepaßte Integration von Funktionen in Teileinheiten des Unternehmens, die eine eigenverantwortliche und selbstoptimierende Wahrnehmung kompletter Arbeitsumfänge durch diese Bereiche sicherstellt. Zur Reduzierung von Konfliktpotentialen sind Querschnittsfunktionen in einem Segment disziplinarisch unterstellt und erfahren eine fachliche Koordination durch zentrale Funktionen. Damit können Synergieeffekte genutzt und Kenntnisdefizite in den eigentlichen Leistungsbereichen ausgeglichen werden. Eine zusammenfassende Darstellung der Merkmale und Eigenschaften von Funktionen liefert abschließend Abbildung 17.

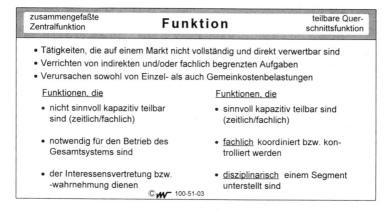

Abb. 17: Merkmale und Eigenschaften von Funktionen

4.2.2. Zuordnungen und prinzipieller Modellaufbau

Nach der elementaren Unterscheidung von Segmenten respektive Funktionen im Zusammenhang mit der Erstellung materieller und immaterieller Leistungen läßt sich nun bei geeigneter Zuordnung charakteristischer Unternehmensbereiche die Modellvorstellung von der segmentierten Ablauf- und Aufbauorganisation entwickeln. Dazu werden zunächst Unternehmensbereiche allgemein differenziert und im Hinblick auf eine Zuordnung zu den aufgestellten Kategorien untersucht und gekennzeichnet. Dabei bleibt eine gewisse Unschärfe der Abgrenzung von primär durchführenden und anderen, eher planenden und vorbereitenden, Teilbereichen nicht aus; jede Durchführung erfordert ein gewisses Maß eigener Vorleistungen in bezug auf Planung und Vorbereitung, so wie jede Entwurfstätigkeit auch von durchführenden Aktivitäten begleitet wird. Durchführende Aufgaben treten jedoch vor allem in den leistungserstellenden Bereichen des Unternehmens auf, während an anderer Stelle Vorleistungen und unterstützende Dienste erbracht werden.

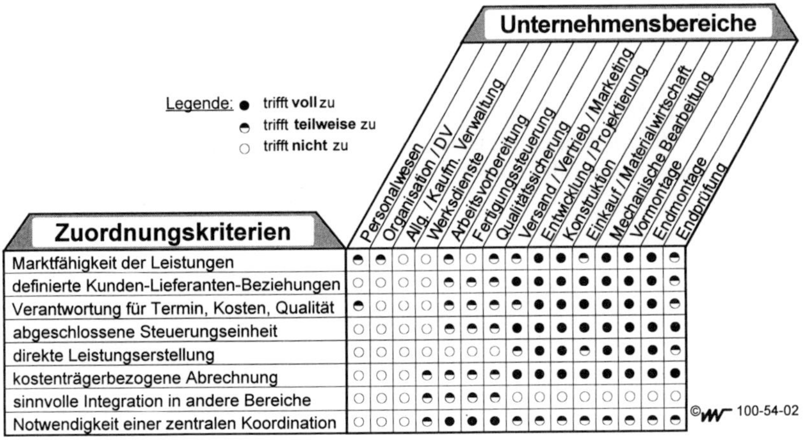

Unternehmensbereiche

Legende: ● trifft **voll** zu
       ◐ trifft **teilweise** zu
       ○ trifft **nicht** zu

Zuordnungskriterien	Personalwesen	Organisation / DV	Allg. / Kaufm. Verwaltung	Werksdienste	Arbeitsvorbereitung	Fertigungssteuerung	Qualitätssicherung	Versand / Vertrieb / Marketing	Entwicklung / Projektierung	Konstruktion	Einkauf / Materialwirtschaft	Mechanische Bearbeitung	Vormontage	Endmontage	Endprüfung
Marktfähigkeit der Leistungen	◐	◐	○	○	○	◐	○	●	●	●	●	●	●	●	◐
definierte Kunden-Lieferanten-Beziehungen	○	○	○	○	◐	◐	◐	◐	●	●	●	●	●	●	◐
Verantwortung für Termin, Kosten, Qualität	◐	○	○	○	◐	◐	◐	◐	●	●	●	●	●	●	◐
abgeschlossene Steuerungseinheit	○	○	○	○	◐	◐	◐	●	●	●	●	●	●	●	◐
direkte Leistungserstellung	○	○	○	○	○	○	○	◐	●	●	◐	●	●	●	◐
kostenträgerbezogene Abrechnung	○	○	○	◐	◐	◐	◐	◐	●	●	●	●	●	●	◐
sinnvolle Integration in andere Bereiche	○	○	○	◐	◐	◐	◐	◐	○	○	○	○	○	○	○
Notwendigkeit einer zentralen Koordination	○	○	○	◐	●	●	●	●	◐	◐	◐	◐	◐	◐	◐

©**W** 100-54-02

Abb. 18: Charakterisierung von Unternehmensbereichen anhand wesentlicher Merkmale von Segmenten und Funktionen

Die Bewertung von Unternehmensbereichen ermöglicht deren generelle Klassifikation (Abbildung 18) und bildet somit eine Voraussetzung zum Aufbau einer Modellvorstellung von einem dynamischen Produktionsbetrieb.

Kriterien der Marktfähigkeit von Leistungen, der Unterhaltung definierter Kunden-Lieferanten-Beziehungen, der Verantwortung für Mengen, Termine, Kosten und Qualität, eine kostenträgerbezogene Abrechnung sowie die Ausbildung als geschlossene Steuerungseinheit sprechen für eine Segmentcharakteristik der Bereiche Projektierung, Entwicklung und Konstruktion von Erzeugnissen, der mechanischen und Baugruppenfertigung sowie auch der Endmontage und eines Werkzeug- und Vorrichtungsbaues. Grenzfälle bilden hier die Bereiche Vertrieb, Einkauf und Materialwirtschaft und eventuell vorhandene zentrale Prüfdienste, die jedoch vor dem Hintergrund einer konsequenten Unternehmensstrukturierung und beinahe übereinstimmender Anforderungen an diese Bereiche vorzugsweise ebenfalls als Segmente einzuordnen und zu behandeln sind. So kann demnach die Projektierung und Konstruktion ebenso eine marktfähige und abrechenbare Leistung sein wie die Bearbeitung von Teilen oder Baugruppen in der Produktion. Alle genannten Segmente können eigene, aber auch Fremdaufträge bearbeiten und auf der anderen Seite Leistungen fremd vergeben. Materielle und immaterielle Segmente stellen also abgeschlossene interne oder externe Steuerungseinheiten mit definierten Schnittstellen und kostenträgerbezogener Abrechnung im Unternehmen dar, die im Rahmen einer übergreifenden Segmentkoordination und mit Hilfe eigener Ressourcen handeln und sich weiterentwickeln.

Demgegenüber entsprechen Bereiche wie die allgemeine und kaufmännische Verwaltung, das Personalwesen, die Organisation und Datenverarbeitung oder auch bestimmte Werksdienste vor allem dem Profil zentraler Unternehmensfunktionen. Sie können ebenfalls zum Teil extern zur Verfügung gestellt werden oder als entsprechende Teilfunktionen zugekauft werden, wobei in diesen Fällen der Gestaltung von Schnittstellen wegen der vielseitigen Inanspruchnahme eine besondere Bedeutung zukommt.

Schließlich lassen sich Querschnittsbereiche identifizieren, die anteilig in Segmenten angelegt sind und einer zentralen Koordination bedürfen. Hier handelt es sich vor allem um termin-, planungs- und qualitätsbezogene Schlüsselfunktionen im Unternehmen, die den gesamten Produktentstehungsprozeß und die Kundenauftragsabwicklung betreffen. Ihre Aufgaben bestehen in der Koordination von segmentinternen mit übergeordneten Aktivitäten und Terminen sowie in der Harmonisierung von Bereichs- und Unternehmenszielen. Dieses erfordert neben einer geeigneten, durchgängigen Systemunterstützung vor allem kooperative Formen der Arbeitsorganisation.

Ein zusätzlicher, wesentlicher Aspekt beim Aufbau einer Modellvorstellung der Unternehmensorganisation besteht in der Wahl der grundsätzlichen Ausführungsform der Segmentbildung (Abbildung 19). Sie ist in Abhängigkeit von dem jeweils angetroffenen Wettbewerbsumfeld und seinen Bestimmungsfaktoren vorzunehmen und bietet in der Hauptsache zwei Ausprägungsarten [140]:

Produkt- und marktorientierte Segmente sind durch die Zusammenfassung von Erzeugnissen oder Produktgruppen mit ähnlichen wettbewerbsstrategischen Merkmalen charakterisiert, wobei auch die Erfüllung der spezifischen Markt- und Kundenanforderungen in der Verantwortung dieser Organisationseinheit liegen muß. Sowohl in materiellen wie auch immateriellen Stufen der Produktentstehung kann diese Form der Segmentierung vorgenommen werden, die häufig zu einer Verkettung mehrerer Stufen der logistischen Kette im Sinne einer Prozeßorientierung führt. Bestimmungsgrößen und Rahmenbedingungen der Ausprägung können zum einen in marktbezogenen Analogien, wie einzuhaltenden Lieferfristen oder kundenspezifischen Qualitätsanforderungen, bestehen. Zum anderen können produktbezogene Merkmale, wie zum Beispiel Übereinstimmungen in der technologischen Bearbeitungsreihenfolge oder durch die Verwendung gleicher Werkstoffe, zur organisatorischen Zusammenlegung und damit zur Realisierung von Ressourcenoptimierungen oder zur Ausnutzung von Mengeneffekten führen. Schließlich kann ein Produkt- und Marktsegment auch auf Konformitäten qualitativer Produkteigenschaften und der Produktstruktur begründet sein oder hiermit im Zusammenhang stehende, spezifische logistische Verfahren und andere Dienstleistungen vereinen. In der Praxis ist überwiegend mit Mischformen dieser idealisierten Ausprägungen zu rechnen, in denen mehrere der genannten Strukturierungskriterien angewendet werden.

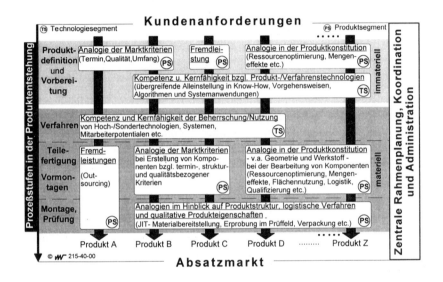

Abb. 19: Formen und Ausprägungen der Segmentierung in einem prozeßorientierten Unternehmen [140]

Eine grundsätzlich andere Kategorie von Unternehmensbereichen entsteht jedoch durch eine Konzentration von Kompetenzen und technologischen Kernfähigkeiten in den Technologiesegmenten. Auch diese können in produktdefinierenden und vorbereitenden Unternehmensbereichen ebenso auftreten wie in der materiellen Produkterstellung. Technologiesegmente übernehmen die Verantwortung für den Einsatz und die Weiterentwicklung wettbewerbsbestimmender Schlüsseltechnologien, Methoden- und Systemtwicklungen oder Mitarbeiterpotentiale, die strategische Bedeutung besitzen und für andere Unternehmen hohe Eintrittsbarrieren darstellen. Sie umfassen in der Regel nur Prozeßstufen der eigentlichen Kernfähigkeit und verbinden Leistungen und Kenntnisse für den Erhalt und Ausbau von Wettbewerbsvorteilen. Technologiesegmente stehen meist am Beginn oder bilden den Abschluß einer vollständigen Prozeßkette und determinieren so auch die Gestaltung vor- oder nachgelagerter Bereiche.

Auf der Grundlage der getroffenen Vereinbarungen und der Klärung grund-
sätzlicher Strukturmerkmale des Unternehmens kann nun die konsequente Um-
und Neugliederung von Bereichen im Sinne einer Dezentralisierung von Kompetenzen und Verantwortungen durch die Bildung autonomer, selbstoptimierender und lernfähiger Strukturen vorgenommen werden. Die elementare Unterscheidung von Segmenten und Funktionen führt durch geeignete Zuordnung
charakteristischer Unternehmensbereiche und durch die konsequente Gestaltung
von Querschnitts- und Zentralfunktionen zu einem allgemeinen Modell der segmentierten Ablauf- und Aufbauorganisation in der Fabrik (Abbildung 20).

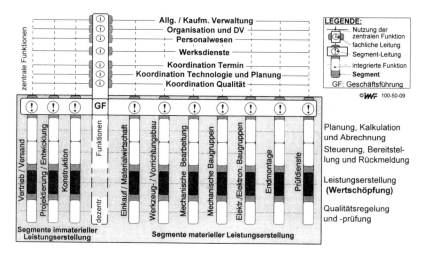

Abb. 20 : Allgemeines Strukturmodell des segmentierten Unternehmens

Der untere, eingerahmte Abschnitt der Darstellung beinhaltet den Hauptbestand-
teil des Unternehmens, in dem die verwertbare Leistung durch eine sinnvolle
Verknüpfung von immateriellen und materiellen Segmenten in horizontaler
Richtung erbracht wird. Die darüber angeordneten Zentralfunktionen mit ihren
vorbereitenden und Dienstleistungsaufgaben werden unterschieden von dezen-
tralisierten Funktionen, die in jeweils spezifischer Ausprägung in die Segmente
integriert sind. Dabei geben die gewählten Reihenfolgen der Segmente und
Funktionen keinerlei Aufschluß über hierarchische Über- oder Unterstellungen;
vielmehr koordiniert die Geschäftsführung des auf diese Art entstandenen Produktionsverbundes die disziplinarischen Leitungen der Segmente und die fachlichen Leiter der Funktionen im Hinblick auf die gemeinsame Zielerreichung.

Ein Segment umfaßt nach dem allgemeinen Modell formal vier Teileinheiten,
die in verwandter Form in materiellen und produktdefinierenden Bereichen exi-

stieren und im Verbund übergeordnet koordiniert werden. Es handelt sich hierbei, neben der eigentlichen Leistungserstellung, um planende und kalkulierende Tätigkeiten, um dispositive Aufgaben im Segment innerhalb der Rahmendaten einer zentralen Koordination sowie um qualitätsbezogene Themen, die für die komplette Leistungserstellung vor Ort behandelt werden müssen. Entscheidungskriterien für die Zuordnung einer Funktion zu einem Segment stellen etwa dadurch bewirkte Verbesserungen der Flexibilität und Transparenz in einem Bereich oder die induzierte Steigerung seines Leistungsergebnisses dar.

Die gewählte Gliederung der Unternehmensorganisation im Modell eröffnet eine ganzheitliche Sichtweise der Wertschöpfungsprozesse, so daß einzelne Prozeßketten identifiziert und in Kenntnis bestehender und möglicher Relationen übergreifend optimiert werden können. Bei der Bildung von Segmenten und Funktionen in der praktischen Anwendung ist sichergestellt, daß alle Aspekte und Schnittstellen im Hinblick auf die Erzielung von Flexibilität, Effizienz und Kostenvorteilen Berücksichtigung finden. Unter der Voraussetzung einer Synchronisation von Erzeugnisstrukturen mit dem Segmentraster gelingt hier auch die Einführung einer prozeßbezogenen Kostenrechnung und die konsequente Marktausrichtung mittels eines zielkostenorientierten Aufwandsmanagements [56]. Darüber hinaus beschreibt das Modell, wie schon erwähnt, nicht notwendigerweise nur ein einzelnes Unternehmen bestimmter Größe und Fertigungstiefe, sondern kann in gleicher Weise rechtlich eigenständige Betriebe zu einem zweckorientierten Kooperationsverbund zusammenfassen; so lassen sich Strukturen und Wechselbeziehungen bei Veränderungen der Leistungstiefe problemgerecht ermitteln, die komplexe Aufgabe der dynamischen Zuordnung abstrakter Leistungsanforderungen zu einem tatsächlichen Ort der Leistungserfüllung wird unterstützt [152].

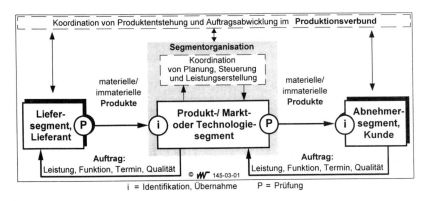

Abb. 21: Null-Fehler-Prinzip im segmentierten Unternehmen, nach [146]

Einer der ausschlaggebenden Faktoren für die Funktionstüchtigkeit einer soeben beschriebenen modularen Netzwerkstruktur, die auf der Integration von Gruppenstrukturen in allen Unternehmensbereichen aufbaut, liegt in der schlüssigen Anwendung des Null-Fehler-Prinzips (Abbildung 21). Kundenorientierung sagt in diesem Zusammenhang aus, daß ein Segment nur dann etwas beschafft und eine Leistung erstellt, wenn ein externer oder auch interner Kundenauftrag vorliegt. Ziel ist die Lieferung fehlerfreier Leistungen zu den vereinbarten Konditionen, so daß aufwendige Eingangsprüfungen beim Empfänger zugunsten einer vereinfachten Identifikation und Übernahme entfallen können. Das Vertrauen in die Fehlerfreiheit bezogener Leistungen eröffnet zudem die Gelegenheit zum Einsatz verbesserter Anlieferstrategien und damit zu einer Aufwandssenkung bei Hersteller und Kunde. Die korrekte Ausführung von Geschäftsprozessen ist schließlich Grundlage einer Produkterstellung und Auftragsabwicklung in einem nach dezentralen Prinzipien organisierten Unternehmen, dessen Abläufe lediglich koordiniert und punktuell unterstützt werden müssen.

4.2.3. Modellbezogene Charakterisierung einer funktionalen Integration und Koordination im dynamischen Produktionsbetrieb

Der Grad gegenseitiger Abhängigkeit zwischen den verschiedenen Bereichen einer Unternehmensorganisation hat wesentlichen Einfluß auf die Beschaffenheit interner Strukturen. Unternehmenseinheiten, die hohe wechselseitige Abhängigkeiten aufweisen, sollten in einer Art und Weise zusammengefaßt werden, die zu einer fortgesetzten beiderseitigen Anpassung beiträgt; für den anderen Fall sollte zumindest eine effektive Kommunikation im Sinne einer übergreifenden Koordination vorgesehen sein [45]. Eine zentrale Koordination im Unternehmensmodell ist vor allem für jene Bereiche notwendig, die gleichzeitig ganzheitliche und segmentinterne Aufgaben hinsichtlich der Einhaltung kundenbezogener Anforderungen wahrnehmen. Hier gilt es, ein Zusammenspiel über verschiedene Ebenen und Mitarbeiter sowie vor dem Hintergrund von Aufgabenteilung und abweichender zeitlicher Horizonte zu gestalten.

Eine grundlegende Funktion im segmentierten Unternehmen stellt die Lenkung und Koordination von Leistungsbereichen, die untereinander Abrufe von benötigten Teilen, Baugruppen und anderen Ergebnissen tätigen, dar. Durch eine Erzeugnisstrukturierung, die die Zuordnung von Baugruppen zu Segmenten mit der Verantwortung für Termine, Kosten und Qualität zuläßt, können eigenständig operierende Segmentsteuerungen eingerichtet werden, die innerhalb von Eckwerten für Mengen und Termine (welche eine zentrale Produktionsplanung und -steuerung vorgibt) interne Abläufe und zeitliche Reihenfolgen eigenständig organisieren [138]. Während die Feinsteuerung im Segment eine Disposition des zugewiesenen Programmes auf der Basis lokaler Kapazitätsberechnungen, Bedarfsplanungen und Terminierungen übernimmt, führt die Koordinationsfunktion 'Termin' eine Grobplanung und laufende Segmentkoordination durch, indem sie Erzeugnisstrukturen mit Standardvorgaben für Ressourcenbelastungen, Durchlaufzeiten und Kosten verknüpft, daraus definierte Leistungsumfänge mit Eckdaten generiert und diese, nach Übergabe an die Segmente, im Terminraster mit Eingriffsmöglichkeiten zur Konfliktlösung verfolgt (Abbildung 22). Weiterhin stellt die zentrale Koordinationsfunktion 'Termin' Informationsdienste über Kapazitäten, Belastungen und Fortschritte im Unternehmen zur Verfügung und kann so zum Beispiel bei der Angebotsstellung unterstützen, wohingegen die operativen Tätigkeiten der Anforderung und Bereitstellung von Material, Hilfsmitteln und Unterlagen sowie Fertig- und Rückmeldungen seitens der Feinsteuerung im Segment initiiert werden.

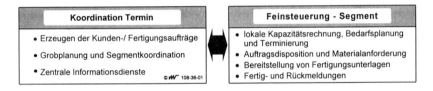

Abb. 22: Funktion 'Termin' - generelle Aufgabenverteilung

Eine weitere wesentliche Unternehmensfunktion, die ebenfalls zu einem großen Teil in Segmente integriert werden muß und daher einer zentralen Koordination bedarf, ist die der Planung. Auch Planungsaktivitäten in bezug auf Abläufe, Strukturen, Organisationen, technologische Ausstattungen oder aber betriebswirtschaftlicher Natur werden durch die Anlehnung an prozeß- und segmentorientiert abgegrenzte Elemente erleichtert, die eine Übereinstimmung von funktions- und technologieorientierten Sichtweisen herbeiführen und sich als Arbeitsergebnisse in allen Bereichen wiederfinden und nutzen lassen [139]. Hinzu kommt, daß Planung zukünftig stärker als dynamischer und permanenter Prozeß verstanden werden muß, der zudem in verkürzten Fristen und erhöhter Frequenz zu bewältigen ist [25]. Dieses erfordert neben einer geeigneten methodischen und systemseitigen Unterstützung zukünftig vermehrt die Sachkenntnis und Problemlösungskapazität von Mitarbeitern aus dem eigentlichen Prozeß und seinem Umfeld. Folgerichtig ist die Funktion der Planung in einem Segment des Unternehmensmodells besonders stark ausgeprägt (Abbildung 23). Hier werden angepaßte Arbeitspläne im Zusammenhang mit der Ablauf- und Vorgangsplanung abgeleitet, Bereichs- und Methodenplanungen sowie notwendige Arbeits- und Zeitstudien durchgeführt; außerdem werden Kosten-, Investitions- und Finanzplanungen beziehungsweise -abrechnungen als Basis von Kalkulationen erstellt. Darüber hinaus übernimmt diese Funktion die Betreuung der Werkstattarbeit, zum Beispiel im Rahmen des kontinuierlichen Verbesserungsprozesses, und sie stellt eine Vertretung des Segmentes nach außen, etwa zur Teilnahme an einem Simultaneous Engineering Projekt, dar. Die zentrale Koordinationsfunktion 'Technologie/Planung' ergänzt diese Aktivitäten lediglich um jeweils einzubeziehende allgemeine oder strategische Aspekte einer Werks- und Fabrikplanung oder von Technologieeinführungen beziehungsweise -entwicklungen.

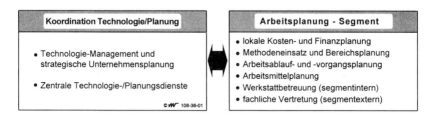

Abb. 23: Funktion 'Technologie/Planung' - generelle Aufgabenverteilung

Die dritte Unternehmensfunktion, die dezentralisiert im Segment angelegt ist und übergreifend koordiniert werden muß, befaßt sich in jeweils angepaßter Weise mit dem Qualitätsmanagement (Abbildung 24). Dabei ist ein leistungsfähiges Qualitätsmanagementsystem sehr stark an die Unternehmensorganisation gebunden; es benötigt ein umfassendes Netzwerk zur Qualitätsregelung, das in seinem Aufbau an die spezifische betriebliche Situation angepaßt sein muß [87]. Der Aufbau eines derartigen Systems erfolgt unter Einbeziehung aller betroffenen Unternehmensbereiche und wird in einem Handbuch für das gesamte Unternehmen, in Richtlinien für einzelne Teilbereiche und in konkreten Arbeits- und Prüfanweisungen für Arbeitsplätze dokumentiert [107].

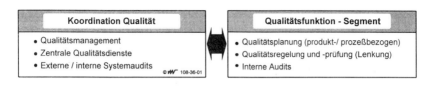

Abb. 24: Funktion 'Qualität' - generelle Aufgabenverteilung

Die im Segment integrierte Qualitätsregelung und -prüfung verfolgt die Umsetzung, Koordination und Überwachung der in der Qualitätsplanung erarbeiteten Maßnahmen zur Umsetzung von Kundenwünschen und -anforderungen. Die Qualitätsplanung an sich wird dabei im Zusammenhang mit der Festlegung von Produkt- und Prozeßspezifikationen in immateriellen Segmenten vorgenommen, die ihrerseits eine eigene Qualitätsregelung und -prüfung zur Sicherstellung fehlerfreier Ergebnisse vornehmen. Weiterhin führen Segmente interne Audits zur Überprüfung der Wirksamkeit ihres Qualitätssicherungssystems durch. Der zentralen Koordination 'Qualität' verbleiben somit nur noch übergreifende Aufgaben, wie die Einführung eines unternehmensweiten Qualitätsmanagementsystems mit dem Ziel der Zertifizierung, die Erarbeitung, Verbreitung und Überwachung der Einhaltung der Qualitätspolitik des Unternehmens sowie die Pflege und Bereitstellung von Qualitätsinformationen.

Neben den vorstehend aufgeführten Querschnittsfunktionen, die in ein Segment anforderungsbezogen eingegliedert sind und zentral koordiniert werden müssen, umfaßt dieser Unternehmensbereich naturgemäß auch die eigentliche Leistungserstellung, indem darin die Komplettbearbeitung mit Selbstprüfung durchgeführt wird, wobei alle logistischen, infrastrukturellen und personellen Ressourcen zur Verfügung stehen. Die Leitung des Segmentes setzt sich aus Vertretern der Segmentfunktionen zusammen und übernimmt die nach innen und außen wirksamen Koordinations-, Verwaltungs- und Betreuungsaufgaben.

Zu einer vollständigen Beschreibung der Schnittstellen eines Segmentes gehört schließlich auch die Ergänzung von Möglichkeiten der spezifischen Inanspruchnahme von Zentralfunktionen des Unternehmens. Diese sind beispielhaft und schlagwortartig in Abbildung 25 aufgeführt, bedürfen an dieser Stelle jedoch aus Gründen der Anschaulichkeit keiner gesonderten Erläuterung.

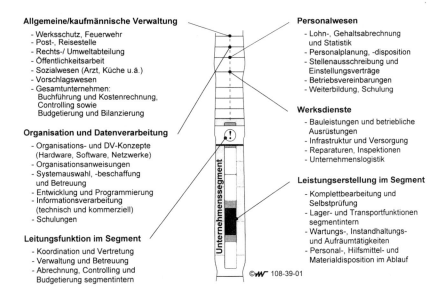

Allgemeine/kaufmännische Verwaltung
- Werksschutz, Feuerwehr
- Post-, Reisestelle
- Rechts-/ Umweltabteilung
- Öffentlichkeitsarbeit
- Sozialwesen (Arzt, Küche u.ä.)
- Vorschlagswesen
- Gesamtunternehmen:
  Buchführung und Kostenrechnung,
  Controlling sowie
  Budgetierung und Bilanzierung

Organisation und Datenverarbeitung
- Organisations- und DV-Konzepte
  (Hardware, Software, Netzwerke)
- Organisationsanweisungen
- Systemauswahl, -beschaffung
  und Betreuung
- Entwicklung und Programmierung
- Informationsverarbeitung
  (technisch und kommerziell)
- Schulungen

Leitungsfunktion im Segment
- Koordination und Vertretung
- Verwaltung und Betreuung
- Abrechnung, Controlling und
  Budgetierung segmentintern

Personalwesen
- Lohn-, Gehaltsabrechnung
  und Statistik
- Personalplanung, -disposition
- Stellenausschreibung und
  Einstellungsverträge
- Betriebsvereinbarungen
- Weiterbildung, Schulung

Werksdienste
- Bauleistungen und betriebliche
  Ausrüstungen
- Infrastruktur und Versorgung
- Reparaturen, Inspektionen
- Unternehmenslogistik

Leistungserstellung im Segment
- Komplettbearbeitung und
  Selbstprüfung
- Lager- und Transportfunktionen
  segmentintern
- Wartungs-, Instandhaltungs-
  und Aufräumtätigkeiten
- Personal-, Hilfsmittel- und
  Materialdisposition im Ablauf

©*w̄r* 108-39-01

Abb. 25: Inanspruchnahme weiterer Funktionen (Modellausschnitt)

4.2.4. Arbeitsorganisatorische Aspekte des Unternehmensmodells

Die Schaffung subautonomer, selbstoptimierender und lernfähiger Unternehmensstrukturen ist nur dann mit der Aussicht auf einen längerfristigen und von allen Mitarbeitern getragenen Erfolg möglich, wenn sie auf der Grundlage einer unternehmensweiten Übertragung von Gruppenarbeitskonzepten erfolgt. Auf diese Weise stellt jeder einzelne Mitarbeiter einen strategischen Faktor in einer zukunftsträchtigen Organisation dar, die dem Entstehen von Machtstrukturen, welche Arbeitsabläufe behindern, vorbeugt [14].

Basisprinzip ist die Übertragung möglichst vieler Aufgaben und Zuständigkeiten an die Mitarbeiter, die direkt an der Leistungserstellung und damit an kundenwirksamer Wertschöpfung beteiligt sind. Im Sinne einer ganzheitlichen Neuordnung sind hierzu auch veränderte Leitlinien der Führung notwendig, die individuelle Fähigkeiten und Kenntnisse für die gemeinsame Zielerreichung zur Wirkung bringen. Der Mitarbeiter wird als die Ressource mit der höchsten Flexibilität im Unternehmen zum Kern neuartiger Fabrikstrukturen, nicht nur in ausführenden Bereichen, sondern in der gesamten Unternehmenshierarchie. Seine Flexibilität ist insbesondere charakterisiert durch die Fähigkeit [37],

○ wichtige und unwichtige Informationen voneinander zu trennen;

○ sie zu verdichten und zueinander in Beziehung zu setzen;

○ sie zu selektieren und an die richtigen Stellen weiterzuleiten;

○ Möglichkeiten der technischen Informationsverarbeitung zu ergänzen und kurzfristige Anpassungen an veränderte Randbedingungen zu ermöglichen.

Arbeitsabläufe in zeitgemäßen Unternehmensstrukturen basieren auf dem Einsatz qualifizierter Mitarbeiter, die große Arbeitsinhalte ausführen können; anstehende Entscheidungen werden weitgehend dezentral getroffen. Geschlossene Verantwortungsbereiche in Form von Gruppen planen, handeln und kontrollieren eigenverantwortlich, verfügen somit über erweiterte Handlungsspielräume, aber übernehmen dafür auch verstärkt unternehmerische Verantwortung.

Die unternehmensweite Übertragung von Gruppenarbeitskonzepten auf die Modellvorstellung vom dynamischen Produktionsbetrieb legt eine Bildung von Gruppen verschiedener Ordnung nahe, die intern zusammenwirken und durch Vertretung nach außen Gruppen höherer Ordnung bilden; so lassen sich vollständige Unternehmensorganisationen abbilden, deren demokratische Strukturen auch einer guten Kommunikation dienlich sind [7]. Bezogen auf die zugrunde liegenden Integrationsstufen im Unternehmen, wie sie zu Beginn dieses Kapitels vorgestellt wurden, und auf der Grundlage des entwickelten Unternehmensmodells, ergibt sich ein dreigeteiltes Ordnungsschema für Gruppenstrukturen in der dynamischen Organisation.

Die unterste Ebene bilden Arbeitsgruppen, wie sie in Fertigungs- und Montagezellen tätig sind oder im Bürobereich zur Bewältigung eines vollständigen
Arbeitsablaufes gebildet werden. Diese Gruppen setzten sich vor allem aus Mitarbeitern, die die materielle oder immaterielle Leistung erstellen, zusammen; sie
werden innerhalb der Gruppe beispielsweise durch logistisches und Wartungs-
personal oder aber durch eine Schreibkraft unterstützt. Die Veranlassung zur
Leistungserstellung gibt ein weiteres Gruppenmitglied, indem es die gruppeninternen Abläufe koordiniert und die Belange dieser Gruppe auf der nächsten
Strukturstufe des Ordnungsschemas vertritt. Es ist anzumerken, daß die Aufgaben der Veranlassung, Unterstützung und Durchführung einer Leistungserstellung in der Gruppe nicht zwangsläufig einzelnen Personen und dazu permanent
zugeordnet sein müssen; vielmehr ist eine Aufgabenintegration und ein Wechsel
denkbar und wünschenswert. Die zweite Gruppenebene im Unternehmen stellt
das Segment selbst dar, in dem die Gruppen der Leistungserstellung die
Durchführung von Aufgaben übernehmen, dabei von Querschnittsfunktionen im
Segment (Feinsteuerung, Arbeitsplanung, Qualitätsfunktion) unterstützt und
durch die Leitung im Segment (gebildet aus Vertretern der Untergruppen) koordiniert und vertreten werden. Auf der Gruppenebene des Gesamtunternehmens
schließlich führen die immateriellen und materiellen Segmente die Leistungserstellung im Verbund aus; sie werden unterstützt von zentralen Unternehmensfunktionen und den Koordinationsfunktionen der Segmente. Alle gemeinsam
erfahren eine Leistungsinitiierung durch die Geschäftsleitung des Produktionsbetriebes, die sich wiederum aus Vertretern der Untergruppen zusammensetzt.

Das arbeitsorganisatorische Gesamtkonzept im Rahmen des Modells einer
dynamischen Unternehmensorganisation führt zur Schaffung evolutionsfähiger
Strukturen, die Kompetenz- und Wissensdezentralisierung nicht nur zulassen,
sondern auch aktiv fördern. Durch die unterschiedliche Gruppenbildung werden
Koordinationsaufgaben und die Klärung von Problemen situations- und zielge-
recht, bezogen auf inhaltliche und zeitliche Horizonte, wahrgenommen. Darüber
hinaus entsteht durch das Prinzip der doppelten Gruppenmitgliedschaft eine
höhere Flexibilität und Dynamik in allen Vorgängen, weil Leistungsinitiatoren
niederer Gruppen zugleich Durchführende in einer höheren Arbeitsebene sind
und somit an der Interpretation übergreifender Ziele und der Aufstellung von
Vorgaben für ihre eigenen Arbeitsbereiche aktiv beteiligt werden. Hier bieten
sich auch Ansatzpunkte für die Festlegung und Ausprägung durchgängiger und
abgestufter Prämienkriterien in Gruppenentgeltsystemen, die neben der Leistungsförderung in der Gruppe Zielparameter des Unternehmens einbeziehen.

Eine letzte, wichtige Grundlage des stattfindenden Zielabstimmungsprozesses in
der Organisation bildet die Sammlung und Bereitstellung angepaßter Informationsarten und -umfänge. Um zielgerichtete und aufgabenbezogene Entschei-

dungen autonom treffen zu können, muß ein Mitarbeiter über Daten und Fakten verfügen, die ihm die Planung und Steuerung der eigenen Tätigkeit und Auswertungen im Hinblick auf Reaktionen des Gesamtsystems ermöglichen. Wesentliche Kenngrößen leiten sich dabei aus organisatorischen Daten und Prozeßparametern, aus personellen Größen sowie vorliegenden Ausstattungsinformationen eines Bereiches ab. Die jeweilige Informationsdichte und die Art der Datenaufbereitung muß sich am Verantwortungsbereich, der Entscheidungskompetenz und der hierarchischen Einordnung des Adressaten orientieren (Abbildung 26) und wird demnach durch die Struktur der Unternehmensorganisation festgelegt.

Abb. 26: Aufgaben und Informationsbedarfe im Unternehmensmodell

Die Werkstattbereiche oder das technische Büro in der Zellenebene benötigen kumulierte Angaben und Zielwertstatistiken aus dem eigentlichen Prozeß und dem direkten Tätigkeitsumfeld zur operativen Prozeßdurchführung und zur Koordination ihrer Aktivitäten. In der Ebene der Segmente sind vor allem bereichsbezogene und funktionstypische Kennwerte von Interesse, die Aufschluß geben über den Zustand und die Leistungsentwicklung des eigenen sowie benachbarter Bereiche; diese Informationen bilden die Basis dispositiver Entscheidungen, quantifizieren segmentspezifische Zielerreichungsgrade und weisen auf Klärungs- und Entscheidungsbedarfe hin. Die Geschäftsführung schließlich plant und koordiniert die Unternehmensentwicklung, indem sie auf Querschnittsinformationen und repräsentative externe sowie interne Angaben zurückgreift, welche bei Bedarf um Einzelgrößen ergänzt oder aktualisiert werden.

5. Entwurf und Gestaltung eines flexiblen Montagekonzeptes

Aus der vorangegangenen Ableitung der ganzheitlichen Modellvorstellung einer dynamischen Unternehmensorganisation ergeben sich eine Reihe struktureller und prinzipieller Gestaltungshinweise, die Eingang in Entwurf und Ausprägung flexibler Montagebereiche in einem zeitgemäßen Produktionsbetrieb finden müssen. Aufgrund der beschriebenen herausragenden Stellung der Montage im Gesamtprozeß der Erstellung kundenorientierter Leistungen kommt der Ausschöpfung aller möglichen Flexibilitätspotentiale eine große Bedeutung zu, wobei insbesondere auf die geeignete Gestaltung organisatorischer Strukturen und die zweckmäßige Beschaffenheit von Schnittstellen Wert zu legen ist. Hier sind Differenzierungen zwischen Bereichen der vorwiegend manuellen Einzel- und Kleinserienmontage sowie der mechanisierten respektive automatisierten Leistungserstellung in mittleren und großen Serien zu berücksichtigen.

Zielsetzung in diesem Abschnitt ist es daher, auf der Basis der Schlüsselfunktionen einer flexiblen Montage im Produktionsverbund zunächst die Dimensionen von Flexibilität zur Bewältigung innerer und äußerer Anforderungen zu klassifizieren. Im Zusammenhang mit der Charakterisierung und Einordnung gängiger Flexibilitätsbegriffe können dann, unter Rückgriff auf die erarbeiteten Integrationsstufen im Unternehmen, Gestaltungsdimensionen für die Flexibilität in unterschiedlichen Montagekonzepten entwickelt und untersucht werden. Diese Handlungsfelder komplettieren die Gestaltungsprinzipien der vorgestellten modellhaften Unternehmensorganisation und führen zur durchgängigen Eingliederung beziehungsweise Ausgestaltung eines Montagebereiches, welcher allen auftretenden Anforderungen gerecht wird, der aktiv Geschäftsprozesse beeinflussen und erforderliche Aktionen initiieren kann.

Die Auslastungssituation einer Montage unterliegt aufgrund vielfältiger externer Einflüsse und interner Bedingungen einer großen Schwankungsbreite, die vor dem Hintergrund einer verschärften Wettbewerbssituation beherrscht werden und im Hinblick auf sich immer häufiger wandelnde Marktbedingungen anpaßbar sein muß (Abbildung 27). Wesentliche Grundsätze und Erkenntnisse aus der Modellvorstellung von einem dynamischen Produktionsbetrieb stellen daher die montagegerechte Gestaltung der Erzeugnisse in Verbindung mit der durchgängigen Bildung von Segmenten dar, die vereinfachte Material- und Informationsflußbeziehungen und die konsequente Einhaltung des Kunden-Lieferanten-Prinzips auszeichnen. Weiterhin können durch die Schaffung funktions- und aufgabenorientierter Verantwortungsbereiche, die eigenständig und selbstregulierend agieren, Belastungsspitzen entweder im Vorfeld abgefangen oder durch die zeitweilige Konzentration von Fähigkeiten und Kenntnissen in einem leistungsfördernden Umfeld bewältigt werden.

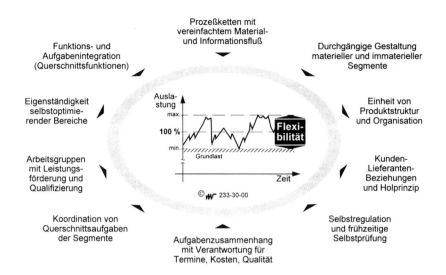

Abb. 27: Grundsätze und Erkenntnisse aus der Modellvorstellung von einem dynamischen Produktionsbetrieb für die flexible Montage

5.1. Schlüsselfunktionen der flexiblen Montage

Die Funktion der Montage im Unternehmen läßt sich im wesentlichen auf drei Teilaufgaben zurückführen, die durch verschiedene, sich ergänzende und zum Teil überdeckende Flexibilitätsarten gelöst werden müssen (Abbildung 28). Im Vordergrund steht die Lösung von Montageaufgaben, denen meist eine hohe Komplexität durch die Art und Anzahl der auszuführenden Einzelfunktionen sowie durch auftretende Kundenvarianten und Sonderwünsche zu eigen ist. Um die Montage zum gewünschten Auslieferungstermin in einwandfreier Qualität und zu vertretbaren Kosten zu realisieren, ist die vollständige Ausstattung eines Montagebereiches mit Betriebs- und Hilfsmitteln, mit peripheren Funktionen und Flächen zur Vorbereitung, Durchführung sowie Materialbereitstellung vorzusehen; eine hervorragende Bedeutung besitzt der Einsatz qualifizierter Mitarbeiter, die in der Lage sind, komplette Arbeitsumfänge einschließlich anfallender planerischer, dispositiver und qualitätsbezogener Aufgaben zu erledigen. So werden die Voraussetzungen zur qualitativen und quantitativen Bewältigung einer komplexen Montageaufgabe geschaffen.

Eine weitere Schlüsselfunktion der Montage stellt die Bewältigung und der Ausgleich eigen- oder fremdbestimmter Ablaufänderungen, Störungen und Mehraufwände dar, die ansonsten häufig zu Terminüberschreitungen und erhöhten Kosten des Erzeugnisses führen. Hier sind vor allem Organisationsformen einzuführen, die Flexibilität in bezug auf die Reihenfolge des Ablaufes bieten und eine variable Zuordnung von Aufgaben und Funktionen zulassen. Dieses kann sowohl durch den Einsatz technischer Ressourcen und Systeme als auch durch entsprechend vorbereitete Mitarbeiter verwirklicht werden, die zeitliche, räumliche und sachbezogene Handlungsspielräume erschließen können und dahingehend hinsichtlich ihrer Leistungsfähigkeit beziehungsweise -bereitschaft ausgestattet und gefördert werden. Hierbei spielen vor allem Verfahren und Abläufe der Material- und Informationslogistik, die adäquate Möglichkeiten des Zugriffes und einer angepaßten Bereitstellung erlauben, eine besondere Rolle.

Schließlich bildet die Montage einen Unternehmensbereich, der eine große Nähe zum Kundenmarkt aufweist und der insofern Entwicklungen und Erwartungen, die sich auch in der Struktur der Produkte und im Erzeugnisprogramm niederschlagen, letztendlich gerecht werden muß. Dazu ist es sinnvoll, den Montageprozeß und seine Eigenheiten schon frühzeitig in Produktdefinition und -vorbereitung durch die Beteiligung einschlägiger Kompetenz zu berücksichtigen; so kann Trends und Forderungen frühzeitig und montagegerecht begegnet werden, Störungen und Suboptimierungen werden zugunsten einer Ausschöpfung von Synergiepotentialen reduziert. Ebenso übergreifend sind die Aktivitäten der Planung und Steuerung einer Montage im Zusammenhang mit koordinierenden Funktionen im Unternehmensverbund zu sehen, wenn dieser Produktionsbereich die Auslösungszeitpunkte und den Vorbereitungsgrad in anderen Abschnitten des Entstehungsprozesses bestimmt.

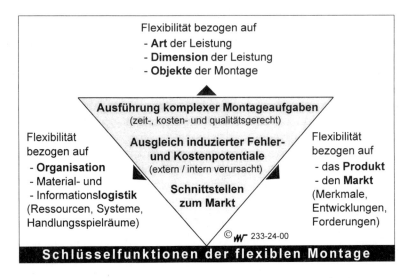

Abb. 28: Funktionen und Flexibilitätsbedarfe der Montage

5.2. Bestimmungsgrößen und Potentiale einer flexiblen Montage

Der Begriff der Flexibilität wird in der Diskussion um moderne Fertigungs- und Montagekonzepte häufig und in unterschiedlicher Art und Weise benutzt; er bezeichnet eine bedeutsame, jedoch schwer quantifizierbare Größe. Interpretationsmöglichkeiten reichen von der Anpassungsfähigkeit und Elastizität über die Vielseitigkeit, Beweglichkeit und Reaktionsfähigkeit bis hin zur Umstellungsfähigkeit oder Mobilität. Einige Autoren definieren Flexibilität im Zusammenhang mit dem besonderen Betrachtungsgegenstand ihrer Arbeiten, andere nehmen eine Unterscheidung mehrerer Typen und Arten von Flexibilität in Abhängigkeit von dem jeweils zugrunde liegenden Bezugsobjekt vor [41, 62]. Unter Berücksichtigung des weitgespannten Rahmens der vorliegenden Thematik sowie der Vielschichtigkeit untersuchter Relationen und Integrationsebenen soll *Flexibilität* im folgenden, in Anlehnung an [6], generalistisch und umfassend betrachtet beziehungsweise verstanden werden. Ein System (Unternehmen, Segment) oder ein Teilsystem (Zelle, Arbeitsprozeß) gilt als flexibel, wenn es in der Lage ist, sich - quantitativ und auch qualitativ - immanenten sowie den von außen einwirkenden Einflüssen anzupassen und dabei zeitliche und aufwandsbezogene Auswirkungen einbezieht. In diesem Sinne faßt der ganzheitliche Flexibilitätsbegriff für die industrielle Produktion erzeugnisorientierte mit den auf die Faktoren der Leistungserstellung bezogenen Flexibilitätsarten zusammen.

Flexibilitätsbestimmende Größen und sich daraus ergebende Leistungspotentiale einer Montage lassen sich wiederum an den eingeführten Integrationsstufen im Unternehmen festmachen und einordnen (Abbildung 29). Dabei nimmt mit wachsendem Integrationsgrad die Möglichkeit der aktiven, flexiblen Beantwortung geänderter Anforderungen zu, während die passive Reaktion auf neue Umstände aus den vorhandenen Ressourcen kommt und daher vor allem in der Nähe des Prozesses und seiner Funktionen liegen sollte.

Der eigentliche Montageprozeß in seinen Einzelfunktionen ist vor allem im Hinblick auf quantitative und qualitative Aspekte flexibilisierbar. Zum einen sind hier Betriebs- und Hilfsmittel, Flächen und der Einsatz der Mitarbeiter so zu gestalten, daß unterschiedliche Arten und Dimensionen von Leistungen im Rahmen der zu erwartenden Aufgaben erbracht werden können. Zum anderen sollten hier auch verschiedenartige Objekte effizient montierbar sein, indem das Umrüsten und -stellen ohne größere Stillstandszeiten ermöglicht wird (verstellbare Fügeeinrichtungen, programmierbare Handhabungseinrichtungen), indem Umbauten und Verlagerungen durch modularen Aufbau, definierte Schnittstellen und einen hohen Wiederverwendungsgrad der Einrichtungen erleichtert werden und dadurch, daß Mitarbeiter entsprechend vielseitige Fähigkeiten und Kenntnisse besitzen, um sich auf solche Veränderungen flexibel einzustellen.

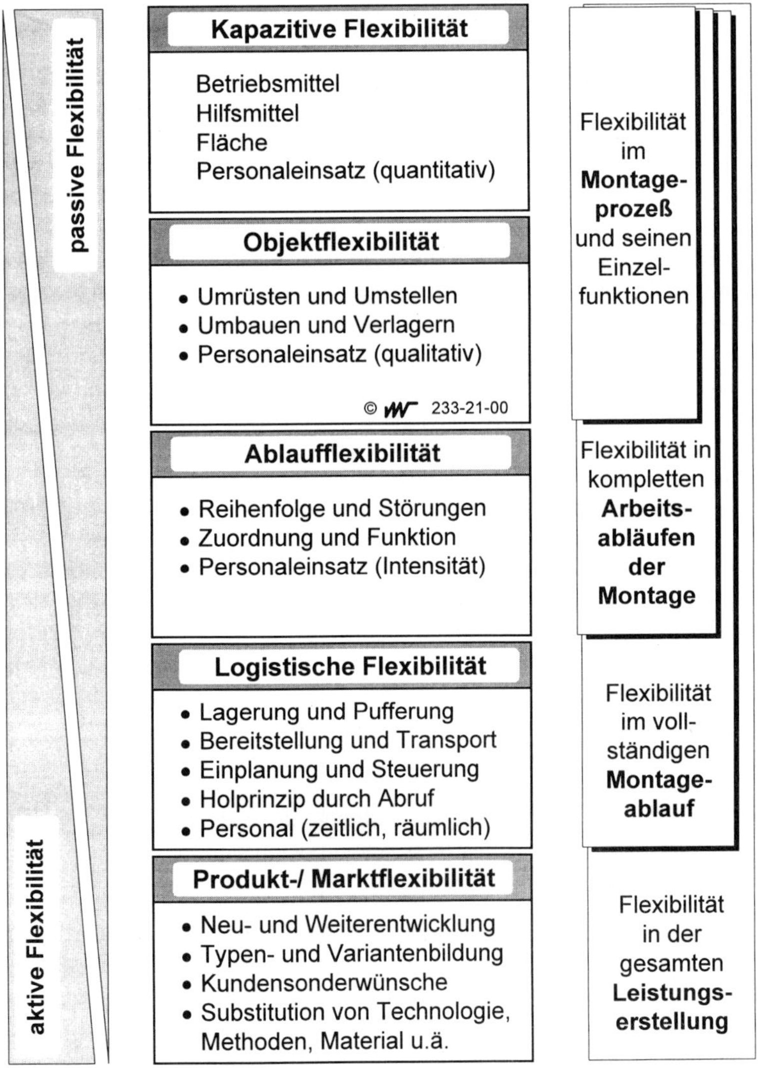

Kapazitive Flexibilität

Betriebsmittel
Hilfsmittel
Fläche
Personaleinsatz (quantitativ)

Objektflexibilität

- Umrüsten und Umstellen
- Umbauen und Verlagern
- Personaleinsatz (qualitativ)

© 𝒲 233-21-00

Ablaufflexibilität

- Reihenfolge und Störungen
- Zuordnung und Funktion
- Personaleinsatz (Intensität)

Logistische Flexibilität

- Lagerung und Pufferung
- Bereitstellung und Transport
- Einplanung und Steuerung
- Holprinzip durch Abruf
- Personal (zeitlich, räumlich)

Produkt-/ Marktflexibilität

- Neu- und Weiterentwicklung
- Typen- und Variantenbildung
- Kundensonderwünsche
- Substitution von Technologie, Methoden, Material u.ä.

passive Flexibilität

aktive Flexibilität

Flexibilität im **Montageprozeß** und seinen Einzelfunktionen

Flexibilität in kompletten **Arbeitsabläufen der Montage**

Flexibilität im vollständigen **Montageablauf**

Flexibilität in der gesamten **Leistungserstellung**

Abb. 29: Systematisierung wesentlicher Flexibilitätsarten

Die Verrichtung kompletter Arbeitsabläufe in der Montage wird zusätzlich dadurch flexibilisiert, daß Reihenfolgen durch unterschiedliche Zuweisung an Teilarbeitssysteme eingehalten und erbracht werden können, indem bei der Zuordnung von Aufgaben und Funktionen Freiheitsgrade, beispielsweise durch eine angemessene Integration in mehrere Stationen, wahrgenommen werden können; so wird auch die Fähigkeit zum Ausgleich unvorhersehbarer Ereignisse, etwa durch den Einsatz von Ausfallstrategien im Anschluß an eine Fehlererkennung und -diagnose [62], verbessert. In bezug auf die Einrichtung einer Ablaufflexibilität spielt hier der Mitarbeiter, der die Gewähr für die Erkennung der Notwendigkeit und die optimale Umsetzung von Ablaufänderungen darstellt, ebenfalls eine besondere Rolle.

Mit dem Übergang auf den vollständigen Montageablauf bis hin zu einer umfassenden Leistungserstellung in einem Produktionsverbund sind darüber hinaus zwei weitere Flexibilitätsarten zu realisieren, die übergreifend wirksam werden und auch vor- und nachgelagerte Bereiche berühren. Durch eine gezielte Verteilung material- sowie informationslogistischer Aufgaben und Funktionen können lokale Handlungsspielräume erweitert und so Gestaltungsparameter und notwendige Initiativen aus dem eigentlichen Geschehen im Wertschöpfungsbereich heraus bestimmt werden; koordinierende und dienstleistende Zentralfunktionen in abgestimmter Form überlassen den dezentralen Montagebereichen Verantwortung und Einflußmöglichkeiten für ihre kundenbezogene Ausrichtung. Im Hinblick auf die Produkt- und Marktflexibilität einer Leistungserstellung insgesamt müssen montagerelevante Gesichtspunkte in die Definition und Strukturierung von Erzeugnissen sowie in die Methodenauswahl Eingang finden. So ist das Wissen und die Erfahrung des Montagemitarbeiters ablauforganisatorisch im gesamten materiellen und immateriellen Produktentstehungsprozeß zu berücksichtigen und auch bei den übergreifenden Planungs- und Steuerungsaktivitäten einzubeziehen.

5.3. Gestaltungsdimensionen von Flexibilität in Montagekonzepten

Vor dem Hintergrund der Entwicklung eines Gesamtkonzeptes der flexiblen Montage im dynamischen Produktionsbetrieb und im Anschluß an die Herausarbeitung von Bestimmungsgrößen und Potentialen der Flexibilität eines Montagebereiches sollen nun diesbezügliche Gestaltungsdimensionen ermittelt und exemplarisch vertieft werden. Dabei werden Bewertungen und spezifische Ausprägungen jeweils für die Einzel- und Kleinserien- wie auch für die Serien- und Massenmontage erarbeitet, die abschließend zu einem geschlossenen Montagekonzept im Rahmen der Unternehmensorganisation zusammengeführt werden.

Die Einhaltung von Zielgrößen für Termine, Mengen, Kosten und Qualität erfordert mehrere Arten der Flexibilität einer Montage, die im Grundsatz zu drei Handlungsfeldern verdichtet werden können (Abbildung 30). Ein Schwerpunkt gestalterischer Maßnahmen ist durch die Wahl der Organisationsform und die effiziente Einrichtung respektive Förderung von Leistungsprozessen gegeben; hier eröffnet die Integration von Funktionen und Fähigkeiten, der Einsatz sowie die Nutzungsintensität von Ressourcen ein weites Feld der Schaffung oder auch Beschränkung von Flexibilität. Ein weiterer Ansatz für die Implementierung von Flexibilitätspotentialen liegt in der Ressourcenausstattung dieses Produktionsbereiches; Betriebsmittel und Flächen, die Mitarbeiter der Montage, vorhandene und eingesetzte Hilfsmittel sowie die spezifische Ausprägung und Integration peripherer Funktionen ermöglichen die Bildung adäquater Flexibilitätsprofile. Schließlich kommt der Gestaltung von Wirkzusammenhängen ebenfalls eine hohe Bedeutung zu, indem logistische Einrichtungen und Verfahren ebenso wie der Abgleich von Produkt- und Organisationsstrukturen zur Flexibilitätserhöhung anforderungsgerecht herangezogen werden.

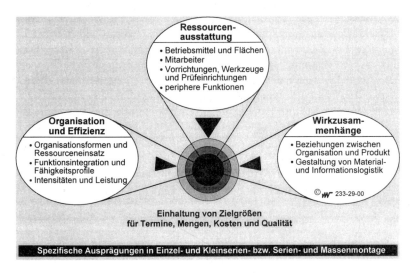

Abb. 30: Dimensionen der Gestaltung von Flexibilität einer Montage

5.3.1. Organisatorische und effizienzbestimmende Einflußgrößen

Die Auswahl der Organisationsform und die effiziente Einrichtung der Leistungsprozesse spielt eine zentrale Rolle bei der Gestaltung von Flexibilität in Montagekonzepten und legt die im weiteren zu treffende Ressourcenausstattung sowie die Ausprägung vieler Wirkzusammenhänge frühzeitig fest; so sind die in Abbildung 31 zusammengestellten Einflußgrößen, in automatisierten und manuellen Montagen gleichermaßen, von überwiegend hoher Bedeutung.

Insbesondere bei der Organisation einer manuellen Montage ist die Bildung eigenständiger, selbstorganisierender Einheiten nach dem Gruppenprinzip vorzunehmen, in denen eigenverantwortliche Mitarbeiter durch zeitlichen, räumlichen und sachbezogenen Tätigkeitswechsel unterschiedliche Aufgabenstellungen komplett bearbeiten können. Dazu ist der Ausbildungs- und Informationsstand der einzelnen Gruppen entsprechend zu erweitern und auch auf einige planerische und dispositive Funktionen auszudehnen; die Aufgaben- und Funktionsintegration hat sich hierbei an den Zielstellungen im Montagebereich zu orientieren und muß gleichzeitig im Zusammenhang mit Strukturen und Abläufen im Gesamtunternehmen gesehen werden. Abgestimmte Formen der Leistungsförderung stellen hier einen wichtigen Baustein zur Erhöhung von Intensität beziehungsweise Bereitschaft zur Bewältigung auch komplexer Anforderungen in Eigeninitiative dar. Die Gruppe bildet darüber hinaus die Plattform für kontinuierliche Verbesserungsprozesse und für die eigene Fortentwicklung in einem ständigen Lernprozeß; sie ist in Gruppen höherer Ordnung im Segment vertreten und in übergreifende logistische sowie markt- und kundenbezogene Aktivitäten involviert.

Organisation und Effizienz		automatisierte Serienmontage		manuelle Einzel- und Kleinserienmontage	
Organisations-formen	◓	flexible Fließ- oder Werkstattmontagen, die zum Teil technisch determiniert sind	●	flexible Formen, die manuelle Montageaktivitäten in Gruppen optimal umsetzen	●
Einsatz der Ressourcen	●	Auslastung und Qualität bei flexibler Dauerbelegung in sicheren Prozeßketten	●	zeit-, sach- und räumlicher Einsatzwechsel selbstverantwortlicher Mitarbeiter	●
Integration von Funktionen	◓	Aufgaben- und Funktionsintegration abgestimmt mit technischen Möglichkeiten	●	maximale Integration im Sinne der Aufgaben und im Unternehmenskontext	◓
Fähigkeiten und Kenntnisse	●	Kenntniserweiterung zur Ausführung von Regelung, Überwachung und Wartung	●	Qualifizierung für Arbeiten mehrerer Berufsfelder und für übergreifende Aufgaben	●
Intensität und Leistungen	●	Störungsreaktionen sowie Änderungen von Reihenfolgen/Zuordnungen zulassen	●	Anreize für die Bewältigung komplexerer Aufgaben bieten, Leistungen fördern	●

● von hervorragender Bedeutung   ◓ teilweise von Bedeutung   © *wt* 233-38-00

Abb. 31: Flexibilität im Zusammenhang mit Organisation und Effizienz unterschiedlicher Montagetypen

In der Serienmontage sind bezüglich der Arbeitsorganisation ebenfalls Gruppenstrukturen zu bevorzugen, in denen erweiterte Fähigkeiten und Kompetenzen angelegt sind, um den sicheren, dauerhaften und effizienten Betrieb der Einrichtungen zu gewährleisten. So sind hier Kenntnisse sowie Handlungsspielräume zur lokalen Disposition und Feinsteuerung, zur Programmierung (von Handhabungs- oder Fügeeinrichtungen), zur Störungsdiagnose und Instandhaltung eines Systems wichtige Beiträge zur Flexibilisierung der Montage. Allerdings werden organisatorische Freiheitsgrade und das Ausmaß einer Aufgaben- und Funktionsintegration - mehr als in einer manuell geprägten Montage - von

technischen Gegebenheiten und Einschränkungen der zur Leistungserstellung
eingesetzten Montageeinheiten respektive -stationen bestimmt; vor dem Hintergrund der tendenziell größeren Arbeitsteiligkeit und einer zeitlichen Taktung in
fließ- und werkstättenorientierten Serienmontagen müssen häufig aufwandsbe-
gründete Zugeständnisse an die Verwirklichung einer maximalen Montageflexi-
bilität gemacht werden.

5.3.2. Ressourcenbezogene Gestaltungsparameter

Die zweite Gestaltungsdimension von Flexibilität ergibt sich aus der vorangegangenen Festlegung von Organisation und Effizienz in einer Montage und
umfaßt deren Ressourcenausstattung, die in manuellen und automatisierten
Bereichen unterschiedliche Ausprägungen annimmt (Abbildung 32).

Die Effizienz der Serien- und Massenmontage hängt in einem hohen Ausmaß
von Anzahl, Art und Ausstattung der eingesetzten Betriebsmittel ab. Es kommen
automatische Handhabungs- und Fügeeinheiten zur Anwendung, die programm-
gesteuert eine Vielzahl von Funktionen verrichten können und dabei einen
hohen Integrationsgrad aufweisen. Ihr Aufbau sollte modular erfolgen, um gute
Umrüstbarkeit und einen schnellen Umbau zu ermöglichen, sowie auch Puffer-,
Verkettungs- und Prüfeinrichtungen umfassen, die dann gemeinsam Stationen
zur Komplettmontage bilden können; entsprechend sind diese Stationen mit
universellen Vorrichtungen, Prüfmitteln und anderen Hilfseinrichtungen vollständig auszustatten. Sie können durch Puffer und Fördermittel zu Anlagen in
der Segmentebene verknüpft werden, die vollständige Montageabläufe flexibel
und anforderungsgerecht durchführen. Den Bedienern solcher Anlagen kommen
umfassende Aufgaben zum sicheren, dauerhaften Betrieb bei hoher Auslastung
zu; so sind Anzahl, Qualifikationen und Handlungsspielräume der Mitarbeiter
zur Ausübung vorbereitender, dispositiver, überwachender, nachbereitender und
instandhaltender Tätigkeiten auf die spezifischen Gegebenheiten der Einrichtungen und im Hinblick auf die Einordnung der Montage in den Unternehmenskontext anzupassen. Korrespondierend mit den einer Montage überlassenen
Verantwortungs- und Einflußbereichen sind geeignete Hilfsmittel beizustellen
(etwa zur Wartung und Instandhaltung) und besondere Fähigkeiten und Systeme
(zum Beispiel zur Roboterprogrammierung) in Prozeßnähe zu implementieren

Die Schwerpunkte der ausstattungsbezogenen Flexibilität einer manuellen Montage konzentrieren sich, in Ermangelung komplexer technischer Einrichtungen,
auf die in ihr tätigen Mitarbeiter und die Beschaffenheit der einzelnen Arbeitsbereiche. Hochqualifizierte und motivierte Arbeitsgruppen vereinigen hier eine
große Anzahl von Funktionen und Aufgaben, deren verantwortungsvolle Bewältigung eine quantitative und qualitative Untersuchung, Bewertung und Ausle-

gung voraussetzt. Notwendig ist auch hier die vollständige Ausstattung der Gruppenbereiche mit Einrichtungen und Hilfsmitteln, die eine komplette Leistungserstellung ermöglichen. Darüber hinaus spielt die Bemessung der zur Verfügung stehenden Flächen und ihre Belegung bei der Aufstellung der meist großen und komplexen Montageobjekte, für die Realisierung unterschiedlicher Strategien der Materialbereitstellung sowie zur Durchführung vorbereitender und abschließender Tätigkeiten eine herausragende Rolle. Hingegen sind logistische Hilfsmittel oder Wartungs- und Instandhaltungseinrichtungen aufgrund der Prozeßcharakteristik nur selten erforderlich, sollten jedoch auf Abruf, beispielsweise in einem Segment, zur Verfügung stehen. Der Hauptansatzpunkt einer Flexibilisierung der manuellen Einzel- und Kleinserienmontage liegt somit in der angepaßten Eingliederung von Aufgaben und Funktionen in die einzelnen Mitarbeitergruppen, wobei vorhandene Potentiale zu nutzen beziehungsweise auszubauen und fallspezifisch durch Systemeinsatz zu unterstützen sind. An dieser Stelle wird der enge Zusammenhang und das Wechselspiel mit organisatorischen und effizienzbestimmenden Einflußgrößen sichtbar, die insoweit auch nur formal von ausstattungsbezogenen Gestaltungsparametern zu trennen sind.

Ressourcen-ausstattung	automatisierte Serienmontage		manuelle Einzel- und Kleinserienmontage	
Betriebsmittel	●	programmgesteuerte Stationen, verkettet, umrüst-, umbaubar, Integration	○	entfällt © ⚒ 233-37-00
Flächen	○	Mobilität und Veränderbarkeit nur fallweise notwendig bzw. machbar	●	variable Aufstellung von Erzeugnissen, Materialbereitstellung, Vorarbeiten
Mitarbeiter	●	regelnde, überwachende und Wartungsfunktionen für sicheren Dauerbetrieb	●	Gruppe mit Verantwortung, qualifiziert, motiviert, Aufgaben-/ Funktionsintegration
Vorrichtungen, Werkzeuge, Prüfmittel	●	flexible und alle programmspezifischen Hilfsmittel in Stationen integrieren	●	volle Ausstattung für alle Gruppen (Zellen), spezielle Hilfsmittel im Segment
Handhabungs-einrichtungen	●	automatisierte Handhabung zur Durchführung und Verknüpfung vieler Funktionen	◗	nur im Einzelfall notwendig, Zugriff auf zentrale Einrichtung im Segment vorsehen
Puffer/Lager	◗	Pufferung zur zeitlichen Entkopplung, Zugriff auf externe Lagerung vorsehen	◗	lokale Pufferflächen, Zugriff auf eine zentrale Lagerung sicherstellen
Transport-einrichtungen	●	Stationen über Verkettungseinrichtungen zu Anlagen verknüpfen	○	als zentrale Ressource im Segment vorhalten
Wartung und Instandhaltung	●	Teil der Qualifikationen des Bedieners, Hilfsmittel beistellen	○	nur bedingt notwendig, da einfache Handwerkzeuge und robuste Vorrichtungen

● von hoher Bedeutung   ◗ von mittlerem Stellenwert   ○ von nebengeordneter Bedeutung

Abb. 32: Flexibilität im Zusammenhang mit der Ressourcenausstattung unterschiedlicher Montagetypen

5.3.3. Handlungsfelder in Wirkzusammenhängen

Die dritte wesentliche Gestaltungsdimension von Flexibilität in Montagekonzepten liegt in den Wirkzusammenhängen zwischen dem Montagebereich und den übrigen Teilen der Unternehmensorganisation respektive seinem Kundenmarkt und dem Wettbewerbsumfeld. Dieses Handlungsfeld baut auf den vorangegangenen Festlegungen von Organisation und Ausstattung auf und umfaßt Maßnahmen der Verwirklichung material- und informationslogistischer sowie struktureller Flexibilität im Gesamtunternehmen.

Mit der Verteilung prozeßnaher planungs-, steuerungs- und qualitätsbezogener Funktionen auf dezentrale Unternehmenseinheiten (Segmente) lassen sich deren Aktivitäten terminlich und inhaltlich besser auf spezifische Prozesse abstimmen und letztlich auch verursachungsgerecht verrechnen. Untereinander und mit externen Organisationen stehen diese Bereiche über verkettete Kunden-Lieferanten-Beziehungen mit entsprechenden Regelkreisen in Verbindung und erfahren lediglich eine Koordination im Rahmen der Gesamtauftragsabwicklung. Diese Strukturen und Abläufe der Modellvorstellung eines dynamischen Produktionsbetriebes machen ein auf die segmentierte Organisation zugeschnittenes Produktmodell notwendig, das Komplettbearbeitung und Verantwortungsübernahme ermöglicht. Hierzu müssen standardisierte Erzeugnisgrobstrukturen für Produktfamilien mit funktional gegliederten, lieferbaren Baugruppen aufgestellt werden, die durchgängig zu nutzen und Grundlage baugruppenbezogener Prozeßketten und Strukturbereiche sind [139]. Beim Aufbau dieser Systematiken und Datenbestände ist eine interdisziplinäre Kooperation notwendig, in die auch Montagemitarbeiter einzubeziehen sind, die ihre spezifischen Kenntnisse einbringen sowie Randbedingungen und Schnittstellenprobleme abstimmen müssen. Darüber hinaus können von ihnen so Kundensonderwünsche und Produktänderungen montagebezogen beurteilt und Aktivitäten, die eine spätere Montage stören oder verteuern, frühzeitig an den richtigen Stellen im Ablauf angemahnt beziehungsweise ausgelöst werden. Letztlich muß die Montage auch terminliche, aufwands- und qualitätsbezogene Zielsetzungen für Montageablaufabschnitte, die Bausteine der Grobplanung und Kalkulation im Unternehmen bilden, mitbestimmen, um Akzeptanz und Realitätsnähe für den Eigenbeitrag am Erzeugnis und eine angemessene Verantwortungsübernahme zu bewirken.

Die Beherrschung des Auftragsdurchlaufes sollte ebenfalls auf der Grundlage der vorgenommenen Produkt- und Ablaufstrukturierung gesehen werden, indem der im Verbund koordinierte grobe Auftragsdurchlauf und Terminrahmen von einem Montagebereich in Eigenregie und -verantwortung, mit Unterstützung durch geeignete Werkstattsteuerungssysteme, bereichsbezogen umgesetzt wird. Im Rahmen einer mehrstufigen Termin- und Kapazitätsplanung und mit Hilfe der an der Stufenstruktur des Erzeugnisses ausgerichteten Reihenfolgebildung können in der Montage Aufträge eingeplant und ausgeführt werden. Die Bildung von Regelkreisen zur sicheren Materialbereitstellung, welche gleichfalls in einem Montageleitsystem unterstützt werden kann, führt zu einer verbesserten Versorgungssituation, in der differenzierte Bereitstellstrategien zum Einsatz kommen [115, 141]. So sind auch in diesem Zusammenhang die Anforderungen und Abläufe einer Montage zu analysieren und in die Gestaltung geeigneter Informations-, Lenkungs- und Koordinationssysteme einzubeziehen; im Sinne einer Schaffung dezentraler, eigenverantwortlicher Bereiche (Zellen, Segmente) müssen vor allem die Fähigkeiten und Möglichkeiten der Mitarbeiter betrachtet und im Hinblick auf die Nutzung vorhandener Flexibilitätspotentiale für die Montage ausgewertet werden. Auch in bezug auf die Ausprägung material-logistischer Funktionen (Lagerung, Pufferung, Transport, Handhabung) sind dementsprechende Orientierungen an Produkt- und Ablaufstrukturen notwendig; sie führen in Verbindung mit den übrigen Gestaltungsparametern zur Entscheidung über die zentrale Vorhaltung oder dezentrale Integration in die Montage.

Diese Ausführungen führen wesentliche flexibilitätsbestimmende Handlungsfelder in Wirkzusammenhängen auf, die im übrigen in ähnlicher Weise für die manuelle und automatisierte Montage gültig sind. Sie vervollständigen die drei eingangs identifizierten Gestaltungsdimensionen und erlauben nun die Aufstellung des Gesamtkonzeptes einer flexiblen Montage im Unternehmenskontext.

5.4. Das Gesamtkonzept einer flexiblen Montage im Kontext der dynamischen Unternehmensorganisation

Unter Einbeziehung der Gestaltungsmerkmale und Terminologie einer Modellvorstellung von der dynamischen Unternehmensorganisation und der zugrunde liegenden Systematisierung von Integrationsstufen läßt sich abschließend ein Gesamtkonzept der flexiblen Montage in einem zeitgemäßen Produktionsbetrieb entwickeln (Abbildung 33). Dieses bildet den Ausgangspunkt für ein planerisches Vorgehen sowie die eigentliche Montagegestaltung und stellt im spezifischen Anwendungsfall eine durchgängige Strukturierung nach den Erfordernissen moderner Unternehmens- und Arbeitsorganisation unter der Berücksichtigung äußerster Flexibilität sicher.

Den Kern einer Montagekonzeption bilden flexible Montagezellen, in denen die eigentliche Leistungserstellung durch die Kombination der Arbeitsprozesse des Montierens mit dem Ziel vollständiger Arbeitsabläufe erbracht wird. Die Organisation und Flexibilität der Zellen gründet sich auf Gruppenstrukturen in einem leistungsfördernden Umfeld und wird durch eine geeignete Ressourcenauswahl (Mitarbeiter und Einrichtungen) sowie die abgestimmte Integration von Aufgaben und Funktionen geprägt. Gemeinsam mit den Querschnittsfunktionen im Montagesystem bilden die eigenverantwortlichen Zellen ein Segment, das vollständige Montageabläufe selbstorganisierend realisiert und im Verbund mit anderen materiellen und immateriellen Leistungserstellern im oder außerhalb des Unternehmens ein kundenorientiertes Erzeugnis herstellt. Die entsprechende Gestaltung von Wirkzusammenhängen ermöglicht die frühzeitige und angepaßte Reaktion auf Kunden- beziehungsweise Markteinflüsse und die Erreichung der gesetzten Zielgrößen für Mengen, Termine, Kosten und Qualität.

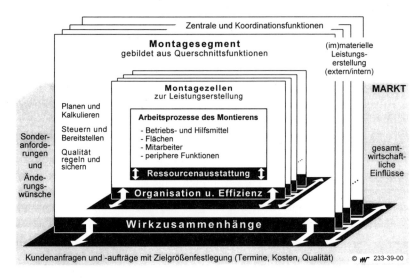

Abb. 33: Die flexible Montage in der dynamischen Unternehmensorganisation

6. Planung und Gestaltung einer flexiblen Montage

Nachdem in den vorstehenden Abschnitten die Strukturen und Abläufe in einem dynamischen Produktionsbetrieb auf der Basis von Integrationsebenen abgeleitet wurden und ein allgemeines Konzept für die flexible Montage in einem derartigen Produktionsverbund zur Verfügung steht, soll nun das Vorgehen der Planung und Gestaltung dieses Produktionsbereiches systematisiert werden.

Die Vorgehensweise wird vollständig aufgestellt und beschrieben, besitzt jedoch einen eindeutigen Schwerpunkt in der Entwicklung und Festlegung des Montagekonzeptes in der Prozeß- und Zellenebene einer Montage. So werden im wesentlichen organisatorische und effizienzbestimmende Gestaltungsdimensionen im Zusammenhang mit der Ressourcenausstattung betrachtet und beispielhaft dargestellt. Im übrigen werden die Vorgehensschritte exemplarisch für eine manuelle Endmontage von Schienenfahrzeugen erläutert, deren Rahmenbedingungen und Merkmale zwar einen charakteristischen Zusammenhang bilden, die in adaptierter Form jedoch auf andere Sektoren und abweichende Anwendungsfälle übertragen werden können.

6.1. Manuelle Einzel- und Kleinserienmontage komplexer Produkte

Zur Ergänzung der oben getroffenen Unterscheidung der Einzel- und Kleinserienmontage von einer Serien- oder Massenmontage und im Hinblick auf die folgende Fokussierung auf die manuelle Montage komplexer Großprodukte sollen an dieser Stelle kurz einige relevante Aspekte weiter ausgeführt werden.

Die Einzel- und Kleinserienfertigung beziehungsweise -montage umfaßt im Extremfall die Herstellung eines einzigen Erzeugnisses, wobei der Übergang zur Kleinserie fließend ist und eine Definition von Grenzwerten - vor dem Hintergrund der Herstellung von Werkstücken unterschiedlicher Komplexität in der Bearbeitung und in den Verfahren - schwierig ist. Die Produktion erfolgt meist für einzelne Kundenbestellungen, wobei ein hoher interner Vorbereitungs- und Umstellungsaufwand in Kauf genommen werden muß, der an die eingesetzten Betriebsmittel und Mitarbeiter besondere Anforderungen stellt und die dauernde Vollausnutzung der Kapazitäten erschwert. Daher lassen sich hinsichtlich der Nutzung von Fertigungs- und Montagemitteln auftrags-, anlagen- und fertigungsbezogene Charakteristika der Einzel- und Kleinserienmontage finden, die insbesondere organisatorische Maßnahmen bei der Reduzierung unproduktiver Zeitanteile zur Produktivitätssteigerung nahelegen [38, 155].

Hinsichtlich der Komplexität von Produkten in der Einzel- und Kleinserienmontage läßt sich feststellen, daß sich technische Lösungen zumeist an den vom

Kunden geforderten Einzelfunktionen orientieren, die in getrennten Fachbereichen ohne ausreichende Kommunikation entwickelt und dokumentiert werden und zu funktionalen Produktstrukturen abseits der Montageanforderungen führen. Im Schienenfahrzeugbau, dem in dieser Arbeit gewählten Praxisbeispiel, kommt erschwerend hinzu, daß die Anzahl der Wiederholteile und -baugruppen bei gleichzeitig rückläufigen Stückzahlen eher gering ist und die Zahl der Materialpositionen und vorliegende Arbeitsumfänge je nach Fahrzeugtyp stark schwanken können. Zusätzlich variieren in diesem Markt auch die Zeitpunkte des Bekanntwerdens von Montageaufträgen, noch im laufenden Montageprozeß müssen Änderungen und verspätete Kundenwünsche realisiert werden [39, 115].

In der manuellen Montage werden die Montagetätigkeiten zum überwiegenden Teil oder ausschließlich vom Menschen ausgeführt. Arbeitsmittel dienen hierbei der Erhöhung der Produktivität im Prozeß und können Beanspruchungen des Mitarbeiters oder Unfallgefahren reduzieren. Durch die Kapitalintensität automatisierter Montageeinrichtungen, durch häufig notwendige Umstellvorgänge bei sinkenden Stückzahlen und Lebenszyklen kundenspezifischer Erzeugnisse und mit Blick auf eine schnelle und qualitätsgerechte Ausführung, spielt der Mensch eine zentrale Rolle in der manuellen Montage; seine Eigengesetzlichkeiten prägen ihre Möglichkeiten und Grenzen. In der Endmontage von Schienenfahrzeugen können mehrere Freiheitsgrade in den auszuführenden Tätigkeiten unterschieden werden, die vor allem zeitliche, verfahrens-, reihenfolge- sowie intensitätsbezogene Ablaufvariationen eröffnen und gezielt im Rahmen der Selbstorganisation einer Gruppe genutzt werden sollten [6, 115].

6.2. Systematisierung des planerisch-gestalterischen Vorgehens

Die Vorgehensweise zur Planung und Gestaltung einer flexiblen Montage gliedert sich in vier Hauptabschnitte, von denen zwei besonderes Gewicht besitzen und den überwiegenden Anteil des Aufwandes beanspruchen (Abbildung 34). An dieser Stelle sollen die Einzelschritte zunächst im Zusammenhang vorgestellt werden, bevor im folgenden jeweils eine Beschreibung und exemplarische Vertiefung am Beispiel der Endmontage von Schienenfahrzeugen erfolgt.

Ausgangspunkt aller Aktivitäten ist die Ermittlung und Verdichtung von Eingangsinformationen, die allgemeine und zielbezogene Angaben ebenso umfassen wie montage- und produktspezifische Daten und Einzelheiten. Diese finden im Anschluß Verwendung bei der bereichsbezogenen Entwicklung und Festlegung eines Montagekonzeptes, das hier überwiegend für die beiden unteren Integrationsebenen im Unternehmen erstellt wird. Wesentliche Handlungsfelder liegen vor allem in der Gestaltung von Organisation und Effizienz im Zusammenhang mit der Ausstattung von Teilbereichen, wobei ein ständiger Abgleich unter den verschiedenen Sichtweisen sicherzustellen ist. Darüber hinaus ist es sinnvoll, entwickelte Strukturen und Abläufe frühzeitig in einer Piloteinrichtung oder im Rahmen einer Simulation zu erproben, um Rückschlüsse auf einzuarbeitende Änderungen oder Anpassungen zu erhalten. Ergebnis der zweiten Planungsphase ist eine vollständige und optimierte Zusammenstellung konzeptbestimmender Parameter sowie der nötigen detaillierten Einführungsmaßnahmen.

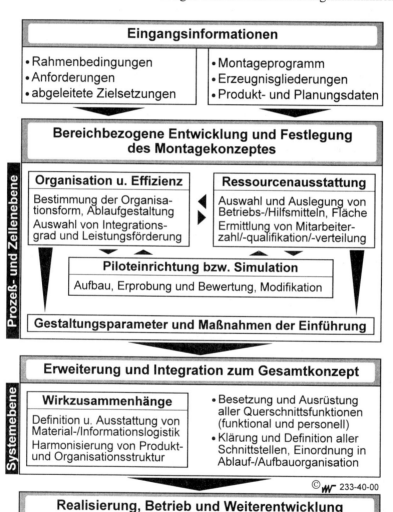

Abb. 34: Systematik zur Planung und Gestaltung einer flexiblen Montage

Der nächste Vorgehensschritt erweitert und integriert das gefundene Montagekonzept auf der System- beziehungsweise Segmentebene im Unternehmen. Die
Gestaltung der Wirkzusammenhänge schlägt sich in der spezifischen Ausprägung aller Querschnittsfunktionen, Schnittstellen sowie in der organisatorischen
Strukturierung und Einordnung der gesamten flexiblen Montage nieder. Damit
kann nun abschließend, sofern nicht zum Teil schon vorher geschehen, die
Umsetzung der ganzheitlichen Konzeption vorgenommen werden; allerdings
fördert der laufende Betrieb und seine Überwachung ständig Unzulänglichkeiten
und Verbesserungspotentiale zu Tage, die im Sinne einer dynamischen Weiterentwicklung analysiert und eingearbeitet werden müssen.

Vor dem Hintergrund einer systemorientierten Vorgehensweise kann in bezug
auf die vorgestellte Methode festgestellt werden, daß sie eine gemischte Form
der Gesamtbearbeitung einer Problemstellung darstellt [89]. Ausgehend von der
angestrebten Gesamtwirkung eines Montagebereiches werden Teilaspekte in
Gestalt der niedrigeren Integrationsstufen herausgegriffen und unter Einbeziehung lokaler Kompetenz sachbezogen bearbeitet. Die so entwickelten optimier-
ten Lösungskonzepte werden später im Gesamtzusammenhang abgestimmt und
zu einem komplexen System vereinigt.

6.2.1. Analyse und Bewertung von Eingangsinformationen

Grundlage des planerisch-gestalterischen Vorgehens - nicht nur einer Montage
oder anderer Bereiche der Produktion im Unternehmen - bildet die Beschaffung,
Analyse und Interpretation aller notwendigen Eingangsinformationen. Sie dienen der Ausrichtung von nachfolgenden Tätigkeiten und liefern Grunddaten und
Detailangaben, die eine vollständige und realitätsnahe Wahrnehmung der Aufgaben erst ermöglichen. Formal sind hier zwei Arten von Information abgrenz-
bar, die in unterschiedlicher Form und Menge vorliegen können.

Für die Entwicklung und Festlegung eines Montagekonzeptes sind zum einen
quantitative, produkt- und ablaufbezogene Angaben unverzichtbar, die für den
relevanten Montageabschnitt (zum Beispiel die Endmontage) und die in ihm
hergestellten Produkte kennzeichnend sind. Hierzu gehört ein Montageprogramm, dem Art, Anzahl und zeitliche Verteilung zu montierender Güter entnommen werden kann; diese Information ist unvollständig ohne die korrespondierenden Gliederungen und Ablaufbeziehungen der Erzeugnisse. Arbeitspläne
geben Aufschluß über den Einsatz von Betriebs- und Hilfsmitteln, notwendige
fachliche Qualifikationen der Mitarbeiter, zeitliche Aufwände für Einzelpro-
zesse oder auch durchzuführende Prüftätigkeiten. Weiterhin werden Angaben
über die bauliche, infrastrukturelle und - nicht zuletzt - finanzielle Ausstattung
und Perspektive des betrachteten Bereiches benötigt.

Zum anderen sind die Rahmenbedingungen, in denen ein Unternehmen und die Montage darin operiert, von Interesse. Markt- und Wettbewerbsumfeld, aber auch interne Strukturen und Abläufe, stellen Anforderungen an die Planung und Gestaltung der Montage. So sind bestimmte Produktmerkmale (Komplexität, Ausstattung, Qualität) vorbestimmt, Leistungsparameter (Liefertreue, Kosten) festgelegt oder logistische und systemseitige Vorgaben einzuhalten. Zielsetzungen eines Montagekonzeptes leiten sich demnach aus der allgemeinen Unternehmensstrategie ab und werden zugleich spezifisch aufgestellt (Abbildung 35); beide Dimensionen sind im Planungsablauf zu berücksichtigen und fortwährend miteinander abzugleichen.

Abb. 35: Zielsetzungen als Eingangsinformation der Planung und Gestaltung

6.2.2. Entwurf und Fixierung des flexiblen Montagekonzeptes

Sind die Rahmenbedingungen geklärt und stehen alle Eingangsinformationen zur Verfügung, kann mit der eigentlichen Entwicklung der Montagekonzeption und der Festlegung ihrer Gestaltungsparameter begonnen werden. Jetzt erfolgt die Bestimmung der Organisationsform und der Montageabläufe, die geeignete Funktions- und Aufgabenintegration muß ermittelt und durch die entsprechende Leistungsförderung im Hinblick auf hohe Flexibilität und Effizienz ergänzt werden. Gleichzeitig sind Ressourcen sowie die Peripherie auszuwählen respektive zu dimensionieren und Mitarbeiterkapazitäten und -fähigkeiten festzuschreiben.

Diese Stufe des Vorgehens stellt den Schwerpunkt im Rahmen der gesamten Systematik dar und wird daher auch ausführlich für die manuelle Endmontage von Schienenfahrzeugen erläutert. Dazu wird eine Zweiteilung in die Bereiche der Montageorganisation einschließlich der Ablaufgestaltung und die Organisation und Effizienz der Arbeit, jeweils unter Berücksichtigung der Ausstattung als flexibilitätsbestimmender Gestaltungsdimension, vorgenommen.

6.2.2.1. Montageorganisation und Ablaufgestaltung

In Abhängigkeit vom Zusammenwirken der an einer Montage beteiligten Objekte lassen sich unterschiedliche Formen der Montageorganisation bilden. Bestimmendes Merkmal ist dabei, ob eine stationäre oder ortsveränderliche Anordnung von Montageobjekt beziehungsweise Arbeitsplatz gewählt wird. Gebräuchliche Organisationsformen der Montage sind die Einzelplatz- und Baustellenmontage, Gruppenmontagen sowie die Werkstatt- und Fließmontagen [38, 55]. Hinzu kommen neuere flexible Konzepte vor allem in der automatisierten Serienmontage, so zum Beispiel in der Elektronik- oder auch der Automobilindustrie [54, 103, 106 u.a.].

Eine erste Aussage über die Eignung einer Organisationsform kann mit der Hilfe des vorgefundenen Montagetyps, der sich aus der je Auftrag oder Erzeugnis zu montierenden Stückzahl ergibt, getroffen werden (Abbildung 36). Für die Endmontage von Schienenfahrzeugen ist beispielsweise eine Montage nach dem Fließprinzip ungeeignet, da diese Branche durch die Herstellung von Einzel- und Kleinserien unterschiedlichster Fahrzeuge charakterisiert ist.

Montage-organisation	Montagetyp				
	Einzel-objekte	Kleinserien	Mittelserien	Großserien	Massen-produkte
Werkstattmontage	●	●	◐	○	○
Fließmontage	○	○	○	◐	●
Baustellenmontage	●	◐	○	○	○
Gruppenmontage	○	◐	●	●	○
Flexible Montagekonzepte	◐	●	●	◐	○
Schienenfahrzeughersteller				© ɯ 053-21-00	

● geeignet   ◐ eingeschränkt geeignet   ○ nicht geeignet

Abb. 36: Vorauswahl geeigneter Formen der Montageorganisation; in Anlehnung an eine Übersicht in [64]

Ebenso muß eine Montage nach dem Werkstättenprinzip in diesem Falle ausgeschlossen werden, obwohl sie dem vorliegenden Montagetyp in idealer Weise entspricht: Die Anordnung von Arbeitsplätzen nach der eingesetzten Montagetechnologie führt zur Bildung von Werkstätten, in denen Monteure gleichartige Tätigkeiten und Arbeitsumfänge an den von Werkstatt zu Werkstatt transportierten Produkten verrichten. Im Schienenfahrzeugbau ist jedoch die Unabhängigkeit von Montagetätigkeiten nicht gegeben; vielmehr müssen technologisch sehr unterschiedliche Vorgänge zur gleichen Zeit an einem Erzeugnis ablaufen. Außerdem ist die geringe Mobilität und der hohe Transportaufwand für die sehr großen und schweren Montageobjekte offensichtlich, so daß hier nur eine Montage des stehenden Erzeugnisses in Frage kommt.

Für die weitergehende Untersuchung und Gegenüberstellung im Hinblick auf die Endmontage von Schienenfahrzeugen kommen damit nur noch die Gruppen- und Baustellenmontage sowie flexible Organisationsformen einer manuellen Großmontage in Betracht (Abbildung 37).

Kennzeichnend für eine Baustellenmontage ist die Ortsgebundenheit des zu montierenden Erzeugnisses, das vom Beginn bis zu seiner Fertigstellung von einem Monteur oder einer zugeordneten Gruppe von Mitarbeitern ohne definierte Arbeitsteilung bearbeitet wird. Material und notwendige Betriebsmittel werden der Baustelle beigestellt, wobei die geringe zeitliche Abstimmung der einzelnen Montagevorgänge eine wirksame externe Terminplanung und Steuerung erfordert. Im Gegensatz dazu ist die Arbeitsaufgabe bei der Gruppenmontage in einzelne Teilabschnitte gegliedert und darauf spezialisierten, mobilen Arbeitsgruppen zugewiesen. Die Gruppen wechseln nach Abschluß des jeweiligen Arbeitsumfanges zum nächsten Erzeugnis (umgekehrtes Fließprinzip) und führen dort wiederum unter Einsatz der bereitgestellten Betriebsmittel und Materialien die gleichen Tätigkeiten aus. Auch hier ist eine externe Planung und Steuerung mit übergeordneter Verantwortung notwendig.

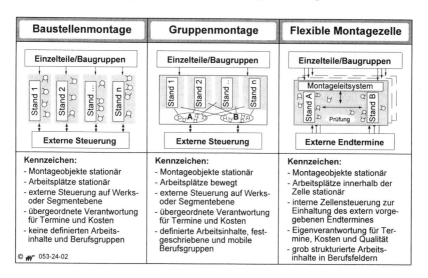

Abb. 37: Merkmale stationärer Formen der Montageorganisation

Vor dem Hintergrund des zuvor entwickelten allgemeinen, flexiblen Montage-
konzeptes im Rahmen einer dynamischen Unternehmensorganisation und unter
Berücksichtigung der spezifischen Randbedingungen und Zielsetzungen in der
Endmontage von Schienenfahrzeugen erweist sich hier auch die Anwendung des
Zellenprinzips als erfolgversprechend. Mit der Bildung von Montagezellen
werden Einheiten geschaffen, in denen flexibel einsetzbare Mitarbeiter Endprodukte aus bereitgestellten Einzelteilen und Baugruppen komplett montieren.
Dazu werden einer flexiblen Montagezelle alle benötigten Ressourcen sowie
Planungs- und Steuerungsfunktionen zugeordnet, die eine eigenverantwortliche
und selbstorganisierende Montagedurchführung im Rahmen vorgegebener Eckdaten unterstützen und zulassen.

Unterzieht man die drei Organisationsformen einer mehrkriteriellen Beurteilung
und Bewertung, ergeben sich folgende Relationen beziehungsweise Erkenntnisse: Organisationsformen mit bewegten Arbeitsplätzen sind einer Baustellenmontage in bezug auf den technischen sowie zeitlichen Einsatz von Ressourcen,
Personal und Fläche überlegen, wobei die Gruppenmontage allerdings durch
ihre ablaufbedingten Verknüpfungen anfällig auf Störungen und Schwankungen
reagiert; hier bieten Zellenstrukturen die höchste Flexibilität und, mit Hilfe der
eingegliederten Planungs- und Steuerungsfunktionen, bessere Übersichtlichkeit.
Die Anpassungsfähigkeit der Baustellen- und Zellenmontage hinsichtlich der
Montagereihenfolge wirkt sich günstig auf die erzielbaren Durchlaufzeiten aus,
Fehlzeiten durch Mangel an Bauteilen oder Hilfsmitteln können im Gegensatz
zur Gruppenmontage durch Ausweichen auf andere Tätigkeiten reduziert wer-
den. Aufgaben- und Anforderungsvielfalt stellen hohe Anforderungen an die
Qualifikation und Einsetzbarkeit der Monteure in Organisationsformen nach
dem Baustellen- und Zellenprinzip, bewirken aber gleichzeitig auch eine
Verminderung der benötigten Mitarbeiterkapazität. Aufwände durch logistische
Funktionen entstehen für die Zellen- und Gruppenmontage vor allem durch den
Handhabungs- und Transportaufwand einer bedarfsgerechten Bereitstellung;
Ausstattungsaufwände fallen hauptsächlich in einer Baustellen- oder Zellen-
montage aufgrund der vollständigen Ausrüstung jedes Einzelbereiches zur Ver-
meidung von Engpässen bei der Bereitstellung oder Nutzung an.

Zusammenfassend stellt die flexible Zelle in der manuellen Montage komplexer
Großerzeugnisse die Organisationsform mit der höchsten Eignung für eine
termin-, kosten- und qualitätsgerechte Endmontage von Schienenfahrzeugen dar,
indem sie die vorteilhaften Merkmale der Baustellen- und der Gruppenmontage
kombiniert. So wird auf den unteren Integrationsebenen im Unternehmen eine
Organisationsform geschaffen, die den Ausgangspunkt für die Flexibilisierung
der gesamten Montage und ihrer Rolle im Produktionsverbund bildet; sie folgt
dabei den Prinzipien von Komplettbearbeitung, Autonomie und Teambildung.

Die branchenbezogene Ausprägung der flexiblen Montagezelle bildet eine Einheit, in der eine fest zugeordnete und vielseitig qualifizierte Mitarbeitergruppe aus bereitgestellten Komponenten Endprodukte vollständig und geprüft montiert. Die Gruppe organisiert sich eigenverantwortlich im Rahmen gestellter Anforderungen und benötigt einen geringeren externen Steuerungsaufwand bei besserer interner Verarbeitung von Störungen oder Sonderaufträgen gegenüber anderen Organisationsformen. Die Flexibilität der Zelle bezüglich des Montageablaufes und wechselnder Auftragsgrößen ist hoch einzuschätzen, so daß verkürzte Durchlaufzeiten bei einer hohen Ressourcenausschöpfung und verringerten Beständen realisiert werden [143].

Zwei bis maximal drei gleichartige, universelle Montagestände werden durch die integrierte Zellensteuerung, die Teil eines Montageleitsystems ist, zu einem geschlossenen Gesamtsystem (Abbildung 38) verbunden, welches von peripheren Bereichen (Transportwesen, Werkzeug-, Vorrichtungswesen, usw.) versorgt wird. Die bedarfsgesteuerte Bereitstellung von größeren sowie auftragsspezifischen Einzelteilen und Baugruppen wird von außen auf Abruf bewerkstelligt; Norm- und Kleinteile sowie Hilfsstoffe können dem internen Zellenlager entnommen werden, das verbrauchsgesteuert aus einem Zentrallager aufgefüllt wird. Über das Montageleitsystem erhält die Arbeitsgruppe Montageaufträge in Verbindung mit einzuhaltenden Zielgrößen und verfügt über die Möglichkeit, ablauf- und produktbezogene Informationen einzusehen sowie Materialabrufe zu tätigen. Ein Zellenführer (Meister) disponiert in Zusammenarbeit mit seinen Mitarbeitern die benötigten Ressourcen (Personal, Material, besondere Hilfsmittel), verfolgt den Auftragsfortschritt einschließlich der Vornahme von Rückmeldungen und verrichtet allgemeine und administrative Tätigkeiten.

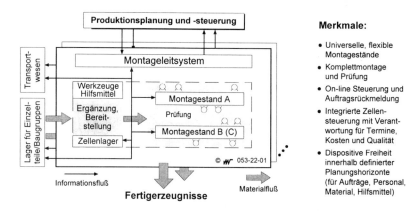

Abb. 38: Die flexible Montagezelle in der manuellen Großmontage

Von großer Bedeutung für die Erfüllung der an die flexible Montagezelle
gestellten Anforderungen und ihren wirtschaftlichen Betrieb ist die Gestaltung
der Abläufe. Ziel ist es, die komplette Montage unterschiedlicher Fahrzeuge mit
einem festen Mitarbeiterstamm bei hoher und gleichmäßiger Auslastung zu
realisieren. Dazu verfügt der definierte Zellenbereich über vielfältige Möglichkeiten zum Ausgleich von Kapazitäten und zur Disposition von Ressourcen. In
Kenntnis der Ablaufstrukturen, Kapazitätsbedarfe sowie erzeugnis- und umfeld-
bezogener Randbedingungen stehen im wesentlichen drei Möglichkeiten des
Abgleiches von Kapazitäten zur Verfügung, die auf der spezifischen Struktur
der Montagezelle und dem weitgehend manuell geprägten Tätigkeitsspektrum
beruhen (Abbildung 39).

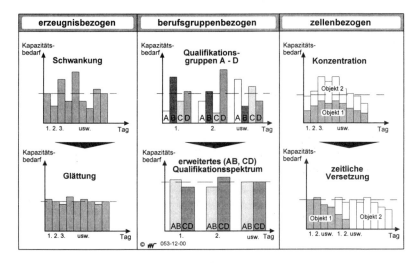

Abb. 39: Möglichkeiten des Kapazitätsabgleiches in der flexiblen Montagezelle

Einen Ansatz bildet die erzeugnisbezogene zeitliche Umverteilung (Vorziehen,
Verschieben) von Verrichtungen in der Montagezelle auf andere Arbeitstage.
Dabei ist in jedem Fall die logische Vorgangsstruktur des Produktes zu
berücksichtigen, um Widersprüche und Blockierungen durch Reihenfolgefehler
und damit Verzögerungen oder Nacharbeit zu vermeiden; ebenso ist bei den
Überlegungen die beschränkte Tageskapazität der Mitarbeiter einer Zelle zu
beachten. Die zweite Ausgleichsmöglichkeit bietet die berufsgruppenbezogene
Betrachtungsweise, indem durch die Zusammenfassung beziehungsweise Übertragung von Tätigkeiten Arbeitsteiligkeiten und zeitliche Gewichtungen einzelner Berufsgruppen reduziert respektive nivelliert werden. Es erfolgt eine Erweiterung von Arbeitsinhalten und die besondere Kennzeichnung qualifikations-

neutraler Tätigkeiten, die von allen Gruppenmitgliedern übernommen werden können. Im Ergebnis muß ein höheres Qualifikationsniveau in weniger Berufsgruppen vorliegen, wodurch ebenfalls eine Durchlaufzeitverkürzung bei verbesserter Auslastung erzielt wird. Schließlich kann im Hinblick auf die Glättung der Kapazitätsbedarfe und die Straffung von Montageabläufen die Tatsache nutzbar gemacht werden, daß in der Montagezelle mindestens zwei Fahrzeuge gleichzeitig montiert und ausgerüstet werden. So kann durch den zeitlichen Versatz auftretender Kapazitätsspitzen zwischen den Produkten in der Zelle ebenfalls ein Ausgleich herbeigeführt und bewußt ausgenutzt werden. Alle drei vorgestellten Optionen müssen gemeinsam und gleichzeitig wahrgenommen werden, um die Durchlaufoptimierung und Auslastungsverbesserung durch Einführung einer flexiblen Montagezelle umzusetzen.

Das praktische Vorgehen zur Gestaltung von Abläufen in einer Montagezelle, welche im Vorfeld zu klären und zu Planungs- und Steuerungszwecken notwendig sind, beginnt mit der Analyse laufender und geplanter Erzeugnisse in der Endmontage von Schienenfahrzeugen (Abbildung 40). Die Stundenaufwände, die benötigte Zahl von Mitarbeitern und die Verteilung der Berufsgruppen ist über der Durchlaufzeit jedes Produktes zu untersuchen und zu bewerten.

Zur Durchführung des Abgleiches für ein repräsentatives Montageprogramm sind zusätzlich Informationen über Stückzahlen, den allgemeinen Produktmix und diesbezüglich erwartete Entwicklungen aufzunehmen. Außerdem muß die Verteilung beruflicher Qualifikationen über alle Montageerzeugnisse aus laufenden Produkten oder Analogiebetrachtungen für eine angenommene Berechnungsbasis vorliegen. So können die Montagevorgänge für jedes Erzeugnis durch Aufgaben- und Funktionsintegration im Rahmen festliegender, zwangsablaufbestimmter Montagestufen nach den beschriebenen drei Möglichkeiten neu geordnet und gleichzeitig flexibilisiert werden. Darüber hinaus kann in Verbindung mit weiteren Rahmendaten mittels statischer Simulation Aufschluß über die benötigte Anzahl von Montagezellen oder eine Erreichbarkeit bestimmter Durchlaufzeiten in der Endmontage gewonnen werden.

Ergebnis der Arbeiten sind zum einen an Durchlaufzeit verkürzte und geglättete Ablaufstrukturen aller Montageerzeugnisse, die für eine Montagezelle in geeigneter Kombination die ganzheitliche Optimierung durch maximale Kapazitäts-, Objekt- sowie Ablaufflexibilität bewirken; sie werden im laufenden Betrieb von der Arbeitsgruppe selbstorganisierend realisiert. Zum anderen können auch Angaben über die Anzahl und das (zu erweiternde) Qualifikationsprofil der Mitarbeiter der Endmontage, über die Zahl und Ausstattung der Montagezellen sowie über die Flächenbelegung und die Gestaltung logistischer Einrichtungen beziehungsweise Abläufe entnommen werden.

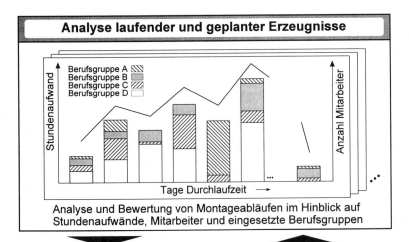

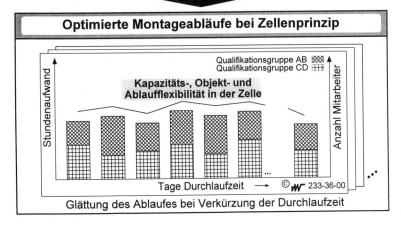

Abb. 40: Ermittlung der Montageabläufe für das Zellenprinzip

Ein weiteres Resultat der Ablaufgestaltung ist die Ableitung und Zusammenstellung von Arbeitsunterlagen für die Mitarbeiter der Endmontage. Aufgrund
der implementierten Dimensionen von Flexibilität in der Zellenarbeitsgruppe

und der Eigenqualifikationen ihrer Mitglieder kann auf eine detaillierte Ausarbeitung und Darstellung der Montageabläufe, etwa in Form von Arbeitsplänen, verzichtet werden. Neben einer Erzeugnisstruktur reichen vielmehr tageweise Verdichtungen relevanter Informationen und Hinweise in einem erzeugnisbezogenen Arbeitsprogramm aus (Abbildung 41).

Das arbeitstägliche Montageprogramm gibt Hinweise auf zu verrichtende Tätigkeiten, führt wesentliche Baugruppennummern auf und erinnert an die geplanten Zeiträume der Bearbeitung im Hinblick auf die Einhaltung des Zielzeitpunktes der Komplettierung der Endmontage. Weiterhin informiert es über den Ort und die Art der Bereitstellung wichtiger Komponenten sowie über den Einsatz besonderer Werkzeuge und Hilfsmittel an dem entsprechenden Montagetag. Von großer Bedeutung ist die Angabe der zu beachtenden Abhängigkeiten im Ablauf, deren Verletzung Stillstände, Nacharbeiten und Qualitätsmängel nach sich ziehen kann. Schließlich wird eine Zusammenfassung der relevanten Qualitätsanforderungen gegeben und die aus der Vielzahl der Aktivitäten abgeleitete zeitkritische Qualifikationsgruppe zur Orientierung und potentiellen Einleitung flexibler Reaktionen gesondert hervorgehoben.

Erzeugnis A - Arbeitsprogramm Endmontage	Stand:	9/10		
Tätigkeiten am Tag 9	Bau-gruppe	Zeit-raum	**Bereitstellung**	
Einbau Leuchten	4711	4 / 4	1 Palette seitlich vom Wagenkasten	
Einbau Gepäckablagen	4712, 4713	2 / 2	2 Paletten seitlich vom Wagenkasten	
Anschlüsse komplettieren	0815	2 / 3	Entnahme aus Bereitstellungsregal	
Einbau Hilfsverdichter	4714	1 / 1	s.o.	
Restarbeiten Rohrverlegung	0816	1 / 1	s.o.	
Prüfung Pneumatik	0817	1 / 2	keine	
Einbau Leuchtenabdeckung	4715, 4716	1 / 1	1 Palette seitlich vom Wagenkasten	
Einbau Türen Fahrgastraum	4717	1 / 2	2 Paletten seitlich vom Wagenkasten	
Einbau Sitzpolster, Ausrüstung	4718, 4719	1 / 2	5 Gitterboxen seitlich vom Wagenkasten	

Abhängig-keiten	• Vor Prüfung der Pneumatik Restarbeiten Rohrverlegung abschließen • Anbringung der Leuchtenabdeckung erfolgt an den eingebauten Leuchten • Einbau der Sitzpolster erfolgt nach Einbringen der Leuchtenabdeckungen und Gepäckablagen

Werkzeuge/Hilfsmittel	**Zeitkritische Qualifikationsgruppe**	**Qualitätsanforderungen**
- manuelle und elektrische Handwerkzeuge - Bohrschablonen - Hubwagen - Kompressor und Manometer - elektrische Prüfgeräte	**Schlosser** **Bemerkungen** Ausfüllen des Pneumatik-Prüfprotokolles	- Paßgenauigkeit der Türen - Dichtigkeit der Pneumatik - Sitz der Rohre - Prüfung aller elektrischen Anschlüsse © 053-33-00

Abb. 41: Beispiel für ein erzeugnisbezogenes Arbeitsprogramm

Nachdem in dieser zweiten Phase des allgemeinen Planungsvorgehens die Montageorganisation und Ablaufgestaltung im Zusammenhang mit der Ressourcenausstattung vorgenommen wurde, muß nun - zur Erschließung weiterer Flexibilitätspotentiale - die Organisation und Effizienz der Arbeit festgelegt werden.

6.2.2.2. Organisation und Effizienz der Arbeit

Selbständige, dezentrale Struktureinheiten im Unternehmen stellen eine besonders günstige technisch-organisatorische Voraussetzung zur Einführung von Gruppenstrukturen dar, die den gegebenen betrieblichen Realitäten und Bedingungen anzupassen sind und dann eine wesentliche Rolle in der qualitätsorientierten Produktion spielen. Technisch-wirtschaftliche Ziele der Gruppenarbeit sind vor allem die Verbesserung der Qualität von Produkten und Prozessen, die Erzielung einer höheren Produktivität, die Steigerung der Termintreue, verbesserte Verfügbarkeit technischer Anlagen bei Reduzierung unproduktiver Zeitanteile sowie die Erhöhung des flexiblen Personaleinsatzes. Maßnahmen zur Erreichung dieser Zielsetzungen bestehen dabei in der Ausweitung und Bereicherung der Arbeitsinhalte, der Erweiterung von Handlungsspielräumen und in der Erhöhung der Qualifikation der Gruppenmitglieder [71].

Voraussetzung erfolgreicher Gruppenarbeit ist die Auswahl geeigneter Mitarbeiter, die soziale und kommunikative Anforderungen sowie selbständige Arbeitsteilung und Problemlösung ebenso leisten wie herkömmliche Arbeiten, die um neue Inhalte und Funktionen (Disposition, Logistik, Instandhaltung) erweitert beziehungsweise bereichert worden sind. Es ist darauf zu achten, daß Teammitglieder sich einerseits in den Rahmen und das Profil ihrer Gruppe einfügen und zum anderen in ihrer Orientierung den Erfolg des Unternehmens und die Umsetzung von Zielen voranstellen; darüber hinaus spielt die kontinuierliche horizontale und vertikale Kommunikation eine bedeutende Rolle für die gemeinsame Optimierung der Ergebnisse von Personal, Organisation und Technik. Den veränderten Anforderungen an Fach- und Methodenkompetenz muß daher durch konforme Qualifizierungsmaßnahmen gleichermaßen Rechnung getragen werden wie den Erwartungen an die Kooperationsfähigkeit und Sozialkompetenz der Mitarbeiter [23, 63].

Durch die Einführung der Gruppenarbeit ergibt sich eine weitgehende Neustrukturierung von Aufgaben und Arbeitsinhalten, die sich in charakteristischen Ausprägungen von Leistungs- und Anforderungsprofilen in einer Gruppe niederschlagen (Abbildung 42). Ideale Gruppen weisen eine starke Homogenität in der Struktur von Anforderungen und Leistungen ihrer Mitglieder auf; dieses führt zu einer Verstärkung der Gruppenhaltung, die sich in hoher Kooperations- und Wechselbereitschaft sowie Selbstorganisation bemerkbar macht und kaum Schwierigkeiten bei der Entgeltfestsetzung aufwirft. Allerdings kann ein entsprechend pauschales Lohnsystem dem Prinzip der individuellen Äquivalenz von einerseits Anforderung und Leistung und andererseits Entgelt nicht gerecht werden und durch Neid und Leistungsfrustration zur Störung der Zusammenarbeit führen. Demgegenüber fällt in einer heterogenen Anforderungs- und Leistungsstruktur (Individuengruppe) die Ermittlung der Einzelbeiträge beteiligter Mitarbeiter zwar schwer, ist prinzipiell jedoch möglich. Dafür geht über diese Differenzierung der eigentliche Gruppengedanke verloren, indem zum Beispiel Mitarbeiter mit hohem Anforderungsgrad - und folglich Verdienst - ihre Aufgaben ungern anderen überlassen oder eine Unterstützung von Gruppenmitgliedern zugunsten ihres persönlichen Leistungsgrades auf ein Minimum beschränken.

Abb. 42: Allgemeines Ordnungsschema der Gruppenarbeit

Neben diesen beiden extremen Ausprägungen existieren formal die beiden dargestellten Mischformen, die Vor- und Nachteile in unterschiedlicher Hinsicht aufweisen und im Falle besonderer Einheitlichkeit von Anforderungs- respektive Leistungsstrukturen zum Einsatz kommen können. Generell existiert jedoch eine große Anzahl und Vielfalt von Gruppenarbeitsformen, welche sich meist in diesem Ordnungsschema nicht eindeutig positionieren lassen und vielmehr einzelne Merkmale mehrerer Gruppenarten vereinigen.

So muß auch die Form der Gruppenarbeit in der flexiblen Zelle für die Schienenfahrzeugendmontage den individuellen und den Teamcharakter spezifisch gewichten und dabei allen Kooperations- und Rotationsbedarfen beziehungsweise den dazu zur Verfügung stehenden Möglichkeiten differenziert Rechnung tragen. Das Arbeitsergebnis der Montagezelle wird außer von individueller Leistungsfähigkeit und Arbeitsqualität vor allem von der Zusammenarbeit und einer vielseitigen Einsetzbarkeit in der Arbeitsgruppe bestimmt. Die Komplexität und Vielfalt der Montageaufgaben bedingt auf der anderen Seite eine gewisse Anforderungsheterogenität, die gegenwärtig nicht durch ein einzelnes Berufsbild abgedeckt werden kann; neben Schlosser- und Rohrschlossertätigkeiten sind auch Elekriker-, Tischler- und Glaserarbeiten in großem Umfang an einem

Fahrzeug zu verrichten. Auf der anderen Seite kommt die anteilig gruppenein-heitliche und personenbezogene Wichtung der Leistungsanteile den Eigenheiten und der Dimension dieser Montageaufgabe beim Bau von Schienenfahrzeugen eher entgegen als die vollständige Gleichschaltung oder eine komplette Zerglie-derung von Leistungsbeiträgen der Mitarbeiter [72].

Bei der in der Montagezelle tätigen Gruppe handelt es sich um eine größere Anzahl von Personen, die untereinander in Verbindung stehen und die sich organisatorisch von ihrer Umwelt, dem Unternehmen, abheben. Die gesamte Mannschaft teilt kollektive Normen und Verhaltensvorschriften, indem sie mit der gemeinsamen Komplettmontage eines Schienenfahrzeuges befaßt ist und terminliche, qualitäts- und kostenbezogene Vorgaben einhalten muß. In der Ausführung der Arbeitsaufgabe ergänzen sich die Mitglieder des Teams und es kann sich ein Gefühl der Zusammengehörigkeit in der Bewältigung der gemein-samen Aufgabe entwickeln. Die räumliche Dimension des Montageobjektes und der zeitliche Umfang des gesamten Montageprozesses beziehungsweise seiner wesentlichen Stufen bedingt die Bildung von Teilgruppen gemischter Qualifika-tion, die in ihrer Gesamtheit der Koordination und Führung durch den Verant-wortlichen für die Zelle (Meister) unterliegen. Einen generellen Eindruck von der Gruppenstruktur und den Tätigkeitsprofilen in einer flexiblen Montagezelle vermittelt Abbildung 43, die zusätzlich beispielhaft Möglichkeiten einer Erwei-terung von Arbeitsinhalten, der gruppeninternen Rotation und für die Integration strukturell unterschiedlicher Verrichtungen aufzeigt.

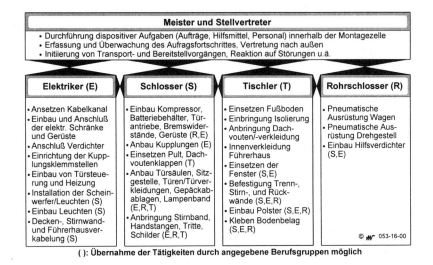

Meister und Stellvertreter
• Durchführung dispositiver Aufgaben (Aufträge, Hilfsmittel, Personal) innerhalb der Montagezelle
• Erfassung und Überwachung des Auftragsfortschrittes, Vertretung nach außen
• Initiierung von Transport- und Bereitstellvorgängen, Reaktion auf Störungen u.ä.

Elektriker (E)	Schlosser (S)	Tischler (T)	Rohrschlosser (R)
• Ansetzen Kabelkanal • Einbau und Anschluß der elektr. Schränke und Gerüste • Anschluß Verdichter • Einrichtung der Kupp-lungsklemmstellen • Einbau von Türsteue-rung und Heizung • Installation der Schein-werfer/Leuchten (S) • Einbau Leuchten (S) • Decken-, Stirnwand- und Führerhausver-kabelung (S)	• Einbau Kompressor, Batteriebehälter, Tür-antriebe, Bremswider-stände, Gerüste (R,E) • Anbau Kupplungen (E) • Einsetzen Pult, Dach-voutenklappen (T) • Anbau Türsäulen, Sitz-gestelle, Türen/Türver-kleidungen, Gepäckab-lagen, Lampenband (E,R,T) • Anbringung Stirnband, Handstangen, Tritte, Schilder (E,R,T)	• Einsetzen Fußboden • Einbringung Isolierung • Anbringung Dach-vouten/-verkleidung • Innenverkleidung Führerhaus • Einsetzen der Fenster (S,E) • Befestigung Trenn-, Stirn-, und Rück-wände (S,E,R) • Einbau Polster (S,E,R) • Kleben Bodenbelag (S,R)	• Pneumatische Ausrüstung Wagen • Pneumatische Aus-rüstung Drehgestell • Einbau Hilfsverdichter (S,E) © 𝔴𝔯 053-16-00

( ): Übernahme der Tätigkeiten durch angegebene Berufsgruppen möglich

Abb. 43: Gruppenstruktur und Tätigkeitsprofile in der Montagezelle

Im Hinblick auf Arbeitsmotivation und Zufriedenheit bietet die Tätigkeit in der Montagezelle dem Mitarbeiter häufige Anforderungswechsel durch die Kombination unterschiedlicher Montageteilaufgaben, so daß Fertigkeiten und Fähigkeiten entfaltet werden können. Die Identifikation mit dem Arbeitsergebnis und die Erkennung der Bedeutung des eigenen Beitrages wird durch die Ganzheitlichkeit der Komplettmontage begünstigt; die Beobachtung des Arbeitsfortschrittes am Objekt und eine Verpflichtung zur Nachbearbeitung von Fehlern erlebt der Mitarbeiter als ständige Rückmeldungen über seine Leistungen. Insofern sind alle Prinzipien zur soziotechnischen Systemgestaltung nach [121],

○ die Bildung einer relativ unabhängigen Organisationseinheit (Zelle)

○ die Einheit von Produkt und Organisation (Komplettmontage von Schienenfahrzeugen), auf die Arbeitsergebnisse quantitativ und qualitativ zurückgeführt werden können

○ der innere Aufgabenzusammenhang innerhalb der Organisationseinheit

○ die Möglichkeit, im Rahmen gewisser Grenzen Störungen und Schwankungen zu beheben respektive auszugleichen

○ die Grenzregulation und die Vertretung nach außen durch einen Vorgesetzten (Meister und Stellvertreter aus den einzelnen Gruppen),

in der flexiblen Montagezelle für Schienenfahrzeuge erfüllt. Die Eigenständigkeit der Arbeitsgruppen kann, mit Blick auf in Kapitel drei angesprochene Autonomiegrade, als vergleichbar zu der teilautonomer Gruppen gesehen werden.

Die Einführung von Gruppenstrukturen führt zu einer veränderten Rolle des Meisters, der als Koordinator mehrerer integrierter Gruppen organisatorische Rahmenbedingungen herstellt, motiviert sowie Aufgaben der Personalführung und Sicherstellung des erforderlichen quantitativen und qualitativen Mitarbeiterpotentiales verantwortet; er macht die in seinem Bereich verfolgte Produktionsstrategie transparent und vereinbart daraus mit den Einzelgruppen Ziele und Verbesserungsmaßnahmen. Die klassischen Meisteraufgaben der Kontrolle von Arbeitsausführung und Qualität sowie der detaillierten Personaleinsatz- und Terminplanung gehen auf die Gruppen über [13, 16]. In einer Montagezelle im Schienenfahrzeugbau unterstützen der Meister und seine Stellvertreter die Mitarbeiter bei vielfältigen dispositiven Aufgaben (Auslösung von Materialbereitstellung und Transporten, Anforderung von Werkzeugen und Vorrichtungen, Planung und Steuerung von Flächenbelegung und Mitarbeiterkapazität, usw.) und arbeiten zum Teil auch selbst mit. Sie erfassen und überwachen darüber hinaus den generellen Montagefortschritt und die Kostenentwicklung, informieren Mitarbeiter und berichten an vor- und überlagerte Bereiche. Sie initiieren und moderieren Verbesserungsprozesse in Gruppen ebenso wie übergreifende Aktivitäten zur Erhöhung von logistischer sowie Produkt- und Marktflexibilität.

Neben der Kommunikation und Qualifikation in der arbeitsorganisatorischen Einheit ist auch die Motivation einer Arbeitsgruppe von ausschlaggebender Bedeutung für ihre Leistungsfähigkeit und Effizienz. Es kann zwischen inneren Motivationsfaktoren im Rahmen einer Aufgabe, wie der Erweiterung von Verantwortung und der Zufriedenheit mit der eigenen Arbeit oder dem persönlichen Ansehen, und äußeren (extrinsischen) Elementen, zum Beispiel Entgelt, Sachprämien oder Lob, unterschieden werden; das Zusammenwirken der Motivationsfaktoren ist dabei in bezug auf eine Arbeitsperson zeitlich verschieden und im Gruppenkontext uneinheitlich. Als effizienzbestimmende Gestaltungsdimension der Flexibilität in der Arbeitsprozeß- und Zellenebene tritt hier vor allem die Wahl einer geeigneten Lohnform in Übereinstimmung mit den Zielen und Merkmalen des Arbeitsbereiches in den Vordergrund.

Die Einführung von Gruppenarbeit führt zu einer grundlegenden Neustrukturierung von Aufgaben und Arbeitsinhalten, die häufig nicht mehr einzeln entlohnt werden können, gleichwohl aber der Beeinflussung durch die Arbeitnehmer unterliegen und somit Teil des gesamten Gruppenergebnisses sind. Es werden demnach erweiterte Leistungsmaßstäbe erforderlich, die Anreize zur Erreichung spezifischer Zielstellungen bieten und den gestellten Anforderungen und der gezeigten Leistung angemessen sind. Dabei stellt die absolute Entgeltgerechtigkeit einen ethischen Wert dar, dem in der betrieblichen Praxis durch die Übereinstimmung von Leistung und Entgelt nach dem Äquivalenzprinzip entsprochen wird und dessen Ermittlung in regionalen und branchenspezifischen Vereinbarungen in Gestalt von Rahmen- und Tarifverträgen fixiert ist [112, 155].

Praxisübliche Entgeltsysteme basieren auf den traditionellen Grundsätzen von Leistungsentlohnung (Akkord- oder Prämienlohn) und Zeitlohn beziehungsweise Gehalt oder sind durch Kombination und Diversifikation daraus abgeleitet worden. Zeitlohn oder Gehaltszahlung findet vor allem bei Tätigkeiten Anwendung, für die Leistung nicht oder nur schwer erfaßbar ist, oder wenn das Leistungsergebnis kaum von der Arbeitsintensität des Mitarbeiters, sondern vielmehr vom Erreichen eines bestimmten Leistungszieles abhängt. Leistungsentgelte hingegen errechnen sich aus Kennzahlen, die durch Quantifizieren entsprechender Kriterien (Mengen, Zeiten, Qualität, Nutzung, usw.) ermittelt wurden. Erfahrungsgemäß ist der Anteil des Leistungswertes am Gesamtentgelt des Mitarbeiters geringer als der Beitrag aus dem Anforderungswert [70, 92].

Die Art und Weise der Umstellung dieser in konventionellen Organisationsformen vorgenommenen individuellen Berechnung anforderungs- respektive leistungsabhängiger Entgeltanteile wirkt sich entscheidend auf den Erfolg einer gruppenorientierten Arbeitsorganisation aus. Entgeltsysteme müssen hier unternehmensindividuell entwickelt werden, um Autonomie und effektive Kooperation einer Gruppe zu unterstützen und dabei die Entgeltgerechtigkeit trotz ganzheitlicher Betrachtungsweise zu erhalten. Andernfalls können, etwa durch persönlich Überforderung oder durch Lohneinbußen, Vorbehalte der Mitarbeiter zu Widerständen gegen geplante Veränderungen führen; gemeinsam mit den Befürchtungen anderer Interessensgruppen im Unternehmen, Autorität zu verlieren (Vorgesetzte) und Einflußmöglichkeiten einzubüßen (Arbeitnehmervertretungen), kann es so bis zu einer Ablehnung der gesamten arbeitsorganisatorischen Maßnahme kommen [122].

Wichtiges Ziel eines gruppenorientierten Entgeltsystems ist die Einflußnahme auf die Qualität der Abläufe und Prozesse in einem Bereich durch die Quantifizierung und Einbeziehung relevanter Größen in die monetäre Bewertung. So kann durch die Vermeidung kostenintensiver Stillstandszeiten, durch eine hohe Anwesenheitsrate und Betriebsmittelauslastung eine Kostensenkung und die Verbesserung der Produktivität herbeigeführt werden; Material- und Arbeitszeitersparnis können durch eine hohe Produktqualität, geringen Ausschuß und Ressourcenverbrauch bewirkt werden; zügige Bearbeitung und kurze Durchlaufzeiten führen zu erhöhter Flexibilität und Termintreue. Darüber hinaus muß ein Entgeltsystem den spezifisch gewichteten Anforderungs- und Leistungsmerkmalen der Gruppenarbeitsform Rechnung tragen, den Kenntniserwerb fördern, relative Entgeltgerechtigkeit bei Einbeziehung aufgabentypischer Leistungs- und Qualitätsziele herstellen und für alle Beteiligten transparent sein [71].

Entgeltform / Beurteilungskriterium	Zeitlohn	Zeitlohn mit Leistungszulage	Einzelakkord	Gruppenakkord	Einzelprämie	Gruppenprämie
Kompatibilität mit den Segmentzielen	○	◐	○	◐	◐	●
Akzeptanzwahrscheinlichkeit bei Mitarbeitern und Betriebsrat	◐	●	●	◐	●	◐
Flexibler Mitarbeitereinsatz	○	◐	○	●	◐	●
Erhaltung und Förderung von Arbeitskönnen und Motivation der Mitarbeiter	○	◐	○	●	●	●
Einheitliche Entgeltregelung für Arbeiter und Angestellte	●	●	○	○	●	●
Wirtschaftlichkeit	○	◐	◐	◐	●	●
Gesamtbeurteilung	●	◐	●	◐	○	○

Eignung: ● hoch ◐ mittel ○ gering © 233-07-00

Abb. 44: Vergleich und Bewertung von Entgeltformen [102]

Bei der Entwicklung von Gruppenentgeltsystemen sind Eignung und Kombinationsmöglichkeiten elementarer Entgeltformen für die besonderen Merkmale und Belange dezentraler Organisationseinheiten sowie die in ihnen tätigen Mitarbeiter zu berücksichtigen (Abbildung 44). Zu bevorzugen sind prämienorientierte Systeme, die Einzel- oder Gruppenprämien respektive Mischformen vorsehen und die Entgelt leistungs- und anforderungsabhängig differenzieren [102]. Sie setzen sich üblicherweise aus einem Grundbetrag, dem Leistungsanteil und fakultativ gewährten, variablen Zulagen zusammen. Das Grundentgelt wird nach den technischen und organisatorischen Anforderungen eines Arbeitsgebietes bemessen und bewertet die ganzheitlich übertragene Aufgabe und die notwendige Qualifikation; der Leistungsanteil quantifiziert individuell und gruppenbezogen effizienzbestimmende Größen und kann gleichmäßig oder abgestuft an die einzelnen Gruppenmitglieder ausgeschüttet werden; variable Zulagen, wie Erfolgsbeteiligungen, Funktionszulagen oder Sonderprämien, können darüber hinaus freiwillig gewährt werden.

Die Struktur und Zielsetzung der flexiblen Montagezelle im Schienenfahrzeugbau erfordert ein gruppeneinheitliches Basisentgelt, das den Arbeitswert der auszuführenden Tätigkeiten bemißt und nach dem Qualifikationsgrad der einzelnen Zellenmitarbeiter nur grob abgestuft sein sollte. Im Hinblick auf die Gruppenverantwortung für Termine, Kosten und Qualität der Komplettmontage ist ein Leistungsbestandteil zu verwirklichen, der die einzelnen Leistungskriterien entsprechend ihrer Tragweite gewichtet und der das Gesamtergebnis einer Montagezelle ebenso würdigt wie hervorragende Beiträge oder Verhaltensweisen einzelner Gruppenmitglieder. Voraussetzung ist die Einheit von Organisation und Erzeugnis in der Montagezelle, die auch eine eigene Abrechnungseinheit (Kostenstelle) zur verursachungsgerechten objekt-, gruppen- und personenbezogenen Entgeltermittlung darstellen sollte.

Als Entlohnungsgrundsatz ist hier die Wahl eines kombinierten Prämienentgeltes mit einer variablen Leistungsvergütung sinnvoll, so daß durch die Verbindung von drei Leistungskennzahlen die Optimierung der Komplettmontage erreicht werden kann. Aufgrund der hervorragenden Bedeutung der Durchlaufzeit in der Montage (Liefertreue, hohe Vertragsstrafen) sollte die Leistungsvergütung einem Zeitakkord mit variabler, prämienabhängiger Lohnliniensteigung entsprechen, wodurch Einzelprämien additiv und parallel miteinander verknüpft und folglich Abhängigkeiten hinsichtlich einzubringender Leistungskriterien unterschiedlich gestaltet und gewichtet werden; die Lohnkurve sollte linear verlaufen, um die Beziehung von Leistung zu Entgelt zu verdeutlichen. Mit der Kombination von Prämien und Zeitakkord werden im übrigen die Vorteile beider Entgeltgrundsätze vereint. Das anforderungsabhängige Basisentgelt kann neben dem tariflichen Grundbetrag auch Zulagen enthalten, die individuell auf unternehmensspezifische Belange (zum Beispiel Flexibilisierung durch zusätzliche Qualifikation) ausgerichtet sind. Der leistungsbestimmende Prämienanteil wird durch einen perioden- oder auftragsweisen Vergleich sowie anhand regelmäßiger Beurteilungen errechnet und verteilt. Die Verbesserung der montierten Qualität und die höhere zeitliche Ausnutzung durch die Vermeidung von Wartezeiten bewirken eine gestufte Zunahme der Lohnliniensteigung (Abbildung 45), wobei eine Bewertungssystematik in Form eines Montagefehlerkataloges und einer entsprechend interpretierbaren Anwesenheitszeiterfassung vorliegen muß.

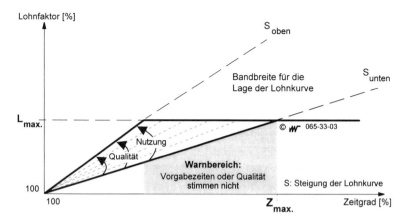

Abb. 45: Prinzipieller Lohnkurvenverlauf für Mitarbeiter der Montagezelle

Vor dem Hintergrund der Einbettung der Montagezellen in das flexible Segment eines dynamischen Produktionsbetriebes ist der Aufbau interner (Meister und Stellvertreter) wie auch nach außen (etwa zur Logistik) verflochtener monetärer Wirkungsketten zu überlegen, um die Optimierung des Gesamtbereiches in einem unternehmensweiten Zielsystem zu unterstützen; dies kann durch die Verankerung entsprechend abgeleiteter Erfolgsanteile in anderen Funktions- und Gruppenbereichen der Endmontage sowie benachbarten Einheiten geschehen.

Nachdem im zweiten Vorgehensschritt zur Planung und Gestaltung einer flexiblen Montage die Organisation und effizienzbestimmende Gestaltungsdimensionen der Flexibilität auf Prozeß- und Zellenebene im Zusammenhang mit der Ressourcenausstattung vollständig festgelegt worden sind, sollten diese nun in einer zunächst provisorischen Piloteinrichtung erprobt, simuliert und im Zusammenspiel optimiert werden. Die so gewonnenen Gestaltungsparameter lassen eine Ableitung konkreter Einführungsmaßnahmen für die spätere Realisierung zu und bilden die Eingangsgrößen für die dritte Vorgehensphase, die das Konzept um die Ausprägung unternehmensweiter Wirkzusammenhänge erweitert.

6.2.3. Erweiterung zu einem unternehmensintegrierten Gesamtkonzept

Die Planung und Gestaltung von Wirkzusammenhängen im vorletzten Vorgehensschritt bei der Planung und Gestaltung einer flexiblen Montage umfaßt die
Besetzung und die Ausrüstung aller Querschnittsfunktionen auf der System-
beziehungsweise Segmentebene und klärt Schnittstellen sowie die ablauf- und
aufbauorganisatorische Einordnung der flexiblen Montageeinheiten in den
Kontext der dynamischen Unternehmensorganisation. Dazu sind strukturelle,
systembezogene und personelle Festlegungen für den Gesamtbereich der
Endmontage vorzunehmen und zu einem Gesamtkonzept zu integrieren.

Einen wichtigen Beitrag zur lokalen aber auch übergreifenden Verbesserung von
Erzeugnissen und zur Optimierung von Strukturen und Abläufen, die für Entwicklung, Herstellung und Vertrieb von Produkten notwendig sind, leistet die
Strategie des Kaizen. Sie verfolgt die kontinuierliche Verbesserung von Produkten und Prozessen in kleinen Schritten und unter Beteiligung jedes Mitarbeiters
in Gruppenorganisationen sowie die stetige, prozeßorientierte Weiterentwicklung aller hiermit im Zusammenhang stehenden menschlichen Aktivitäten [57].
Übertragen auf die manuelle Endmontage von Schienenfahrzeugen muß bei Einführung und Ausweitung des Prinzips der flexiblen Montagezelle mit den
erforderlichen Eingriffen in das Umfeld ein kontinuierlicher Verbesserungs-
prozeß vorbereitet werden und anlaufen, der den Montageprozeß unter den
veränderten Bedingungen stabilisiert, erzielte Resultate ausbaut und den Einsatz
der Gruppenarbeitsform sowie der Hilfsmittel optimiert. Die aktive Mitwirkung
und Einflußnahme der Mitarbeiter der Montage führt zur Beseitigung beein-
flußbarer Hemmnisse und Unzulänglichkeiten und liefert Beiträge zu einer Auf-
deckung und Behebung überwiegend fremdbestimmter Mißstände. Dazu sind
regelmäßige Zusammenkünfte der einzelnen Montagearbeitsgruppen, die auch
Funktionen der übrigen Querschnittsbereiche im Segment (Planung, Steuerung,
Qualität) beinhalten respektive hinzuziehen sollten, in Prozeßnähe vorzusehen.
Die Kerngruppen können jederzeit Mitarbeiter aus anderen Bereichen (Konstruktion, Materialwirtschaft u.a.) zur Maßnahmenerarbeitung und -einleitung
einbinden, um zügig und konzentriert zu Verbesserungen im eigenen Arbeitsbe-
reich und in vor-, nach- und überlagerten Abläufen der Prozeßkette zu gelangen.

Ebenfalls von Bedeutung im Zusammenhang mit der Bestimmung und Gestaltung von Wirkzusammenhängen ist die Definition und Einrichtung eines durchgängigen, kennzahlenbasierten Informationssystems, das den einzelnen Integrationsstufen durch entsprechende Daten und Darstellungen Aufschluß über
den Zustand, die Entwicklung und Probleme von Einzelprozessen, Montageabläufen und Strukturen gibt. Erfolge und Fortschritte müssen dokumentierbar
sein, es sollten aber auch Hinweise auf rechtzeitiges steuerndes Eingreifen gege-

ben werden; dabei hat sich die Informationsart und -dichte am Verantwortungsbereich und an der Entscheidungskompetenz des jeweiligen Empfängers zu
orientieren [142]. Wiederum übertragen auf die flexible Montage von Schienenfahrzeugen bedeutet dieses, daß auf der Grundlage der Gruppenstrukturen in den
Einzelbereichen der Endmontage (Planung, Lenkung, Leistungserstellung und
Qualität), denen sinnvollerweise auch die Abrechnungseinheiten (Kostenstellen)
entsprechen sollten, relevante Informationen generiert, aufbereitet und dann im
Verbund verdichtet und bereitgestellt werden. Grundlegende Informationsarten
lassen sich aus der Vielzahl quantifizierbarer Größen in mitarbeiter-,
organisations- und ausstattungsbezogene Daten einteilen, wobei Wechselbeziehungen zwischen Einzelparametern bestehen, die durch einen Empfänger analysiert und interpretiert werden müssen. Abgeleitet aus den Strukturebenen der
in Kapitel vier entwickelten Modellvorstellung von der Unternehmensorganisation müssen im wesentlichen drei Verdichtungsstufen inhaltlich und im Hinblick
auf eine Systemunterstützung definiert beziehungsweise verwirklicht werden;
sie bilden das Grundgerüst eines ganzheitlichen Controlling-Ansatzes im Unternehmensverbund und stellen die konsistente Umsetzung von Zielsetzungen bis
in die Arbeitsebene sicher.

In der unteren Prozeß- oder Zellenebene der Montage findet die Ausführung,
Feinregelung und Koordination der Montageaktivitäten statt, so daß hier vor
allem Größen von besonderem Interesse sind, die ständig wiederholend und
aktualisierend Leistungsparameter der Komplettmontage beschreiben und dem
Leiter der flexiblen Montagezelle die wirksame Wahrnehmung seiner Aufgaben
ermöglichen. So müssen hier Personalangaben, wie Anwesenheits- und Fehlzeiten, Überstunden sowie erbrachte Arbeitsleistungen zur Verfügung stehen;
wichtig sind organisatorische Informationen in Form von Produktdurchlaufzeiten, Terminabweichungen, Mängelzahlen, Mehraufwänden und Zuverlässig-
keiten in der Materialbereitstellung; ressourcenbezogen sind schließlich Anzahl,
Zustand sowie Ausnutzung lokaler Kapazitäten und Einrichtungen von Belang.
Die Segmentleitung als Gruppe höherer Ordnung plant, steuert und überwacht
kostenstellenübergreifend interne Abläufe und stellt nach außen die reibungslose
Funktion der Montage in der gesamten Prozeßkette der Erzeugnisentstehung
sicher. Dafür wertet sie aufbereitete Massendaten aus den Einzelprozessen aus,
die Auskunft über Zahl, Berufs- und Lohngruppenstruktur der Mitarbeiter in der
Montage geben, verfügbare Ausstattungen im Segment zusammenfassen sowie
Durchlaufzeiten, Terminüberschreitungen, Ausfallzeiten, Leistungsgrade und
die Einzel- beziehungsweise Gemeinkostenaufwände je Erzeugnis und Organisationseinheit ausweisen. Die Leitung des Unternehmensverbundes schließlich
benötigt zur strategischen Planung und Ausrichtung und zur Erarbeitung lang-
fristiger Problemlösungen repräsentative interne und auch externe Daten, Querschnittsinformationen aus allen (materiellen und immateriellen) Leistungs- und

(zentralen und Querschnitts-) Funktionsbereichen sowie bei Bedarf auch punktuell und ad hoc Detailinformationen zu Einzelfragen. Somit ist das erweiterte Gesamtkonzept der flexiblen Montage zur Einbettung in derartige Infrastrukturen vorzubereiten, zu gliedern und schließlich auszustatten. Kunden- und Marktanforderungen können dadurch ebenso wie Zielsetzungen des Unternehmens durchgängig transparent gemacht und bezüglich ihrer Erfüllung überprüft werden; daran angepaßte Maßnahmen der Leistungsförderung verknüpfen alle Funktionsbereiche abgestuft im Rahmen des unternehmensweiten Zielsystems.

Ein weiteres bedeutsames Handlungsfeld der Gestaltung von Flexibilität in dieser Integrationsebene bildet die Ausprägung der Material- und Informationslogistik, die wiederum in engem Zusammenhang mit der Strukturierung von Produkt und Organisation steht. Ein Segment benötigt zur unabhängigen und vollständigen Leistungserstellung Handhabungs-, Transport- und Lagereinrichtungen zur internen Bewegung und Pufferung von Produkten und Material; physikalische Schnittstellen zu vor- und nachgelagerten sowie Versorgungsbereichen müssen geklärt werden; informationstechnische Prinzipien und Abläufe für den Datenaustausch, die Auslösung und Rückmeldung von Aktionen müssen festgelegt und implementiert werden. In der Endmontage von Schienenfahrzeugen sind die entsprechende Bekranung und Bodentransportmittel vorzusehen, Schienenanschlüsse beispielsweise zum Prüffeld anzulegen und neben den Bereitstellfächen in den Montagezellen auch Reserven für Verbrauchsgüter und Hilfsstoffe zu bedenken. Die Materialversorgung ist durch die Anwendung verschiedener Formen der Bedarfs- und Verbrauchssteuerung zu strukturieren und dementsprechend ablauf- und aufbauorganisatorisch zu verankern. So bietet sich für die Versorgung von Montagezellen der am Montagefortschritt orientierte und mit einem definierten zeitlichen Vorlauf versehene Materialabruf von einem logischen Ansprechpartner - dem zentralen Lager - an (Abbildung 46); dort werden Reservierungen vorgenommen, Fehlteilinformationen an vorgelagerte Bereiche weitergegeben und Bereitstellvorgänge zeitgerecht ausgeführt [141].

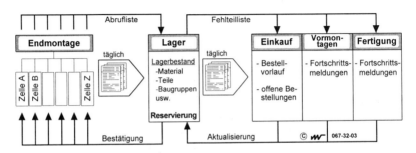

Abb. 46: Regelkreis der Materialbereitstellung für die Endmontage [141]

Zur Unterstützung der Abläufe in der flexiblen Montagezelle für Schienenfahrzeuge sollte ein dezentrales Montageleitsystem eingesetzt werden, das in einem abgestimmten Funktionsumfang und bei verringerter Abbildungsschärfe die einzelnen Zellen, die Planung und Lenkung im Montagesegment sowie die Materialversorgung aus dem Zentrallager auf Basis der Montageablaufstruktur in einem Kommunikationsnetzwerk integriert [115]. Eine derartig um Funktionen der Produktionsplanung und -steuerung erweiterte Werkstattsteuerung benötigt den Rahmen bestimmter Prinzipien zur Lenkung und Koordination dezentral organisierter Unternehmensstrukturen; diese wiederum müssen auf einer Erzeugnisgrobstruktur fußen, die mit den Segmentstrukturen synchronisiert ist und damit eine durchgängige und unternehmenseinheitliche Planung und Steuerung zuläßt [138, 139]. Diese Gestaltungsparameter in der Segment- respektive Unternehmensebene eines Montagekonzeptes stellen eigenständige, umfangreiche Arbeitsgebiete dar, die in dieser Arbeit jedoch nicht weiter vertieft werden sollen; sie deuten dennoch auf die Vielfalt und Komplexität der möglichen Handlungsfelder im Rahmen der Planung und Gestaltung einer flexiblen Montage hin. Ihre Festlegung und Ausprägung im Zuge der anschließenden Realisierung bestimmt ebenfalls maßgeblich die aktive Rolle, die die Montage im Unternehmensverbund zur Bewältigung von Kunden- und Marktforderungen und zum Ausgleich von Schwankungen und Fehlleistungen einnehmen muß.

6.2.4. Realisierung, Betrieb und Weiterentwicklung

Den Abschluß des vierstufigen Vorgehens zur Planung und Gestaltung einer flexiblen Montage im dynamischen Produktionsbetrieb bildet die Umsetzung des Montagekonzeptes, indem die Organisationsform in Verbindung mit den Ressourcenausstattungen eingeführt und die definierten Wirkzusammenhänge organisatorisch und systemtechnisch geschaffen werden. Dabei ist schrittweise, aber zum Teil auch simultan, anhand der aufgestellten Einführungsmaßnahmen vorzugehen, um teilweise bestehenden Wechselbeziehungen gerecht zu werden und den Einführungszeitraum so kurz wie möglich zu gestalten. Einen besonderen Stellenwert besitzt die frühzeitige Einbeziehung der Mitarbeiter in den Umstellungsprozeß, der durch vielfältige Informations- und Qualifizierungsmaßnahmen vorbereitet und begleitet werden muß.

Der anschließende laufende Betrieb der Montage ist vor dem Hintergrund der dynamischen Veränderungsfähigkeit der Unternehmensorganisation kontinuierlich zu überprüfen und auszuwerten; Ansätze zur Weiterentwicklung der flexiblen Montage ergeben sich somit ständig und sind aufzugreifen, in geeigneter Art und Weise auszuarbeiten und kurzfristig konzeptkonform zu verwirklichen.

7. Praxisbeispiel: Das flexible Zellenkonzept in einer manuellen Großmontage komplexer Erzeugnisse

Abschließend wird in diesem Abschnitt der praktische Einsatz der flexiblen Montagezelle und seine Resultate in bezug auf Leistungsfähigkeit und Flexibilität einer Endmontage von Schienenfahrzeugen beschrieben.

7.1. Organisation und Leistung in der flexiblen Montagezelle

Unter dem Eindruck des veränderten Markt- und Wettbewerbsumfeldes im Schienenfahrzeugbau müssen Produktdurchlaufzeiten verkürzt und die Flexibilität zur Bewältigung eines breiten Erzeugnisspektrums bei hoher Ablaufvielfalt und schwankenden Kapazitätsbedarfen stark verbessert werden. Dazu wurden bei einem Hersteller flexible Zellen in der manuellen Endmontage eingeführt, in denen fest zugeordnete und vielseitig qualifizierte Mitarbeiterteams aus bereitgestellten Komponenten Endprodukte vollständig montieren. Die Gruppen organisieren sich eigenverantwortlich im Rahmen gestellter Termin-, Kosten und Qualitätsanforderungen und verfügen dazu über alle notwendigen Kompetenzen, Hilfsmittel und Informationen.

Aufgrund der räumlichen und zeitlichen Dimension der anfallenden Montageaufgaben an den zwei bis drei sich gleichzeitig in Arbeit befindlichen Objekten in der Montagezelle umfaßt die Mitarbeitergruppe mehrere Teileinheiten, die durch einen Meister und seine Stellvertreter koordiniert und betreut werden. Der so gebildete Meisterbereich ist zugleich Kostenstelle im Unternehmen und stellt die verursachungsgerechte Abrechnung und Kalkulation sicher (Abbildung 47).

Die einzelnen Untergruppen von etwa zehn bis zwölf Mitarbeitern beinhalten alle benötigten Qualifikationsfelder, wobei durch entsprechende Schulungsmaßnahmen die Nutzung des berufsgruppenbezogenen Ausgleiches zur Flexibilisierung realisiert wurde und dadurch im wesentlichen erweiterte Berufsbilder des Schlossers und des Elektrikers auftreten. Die Gruppenmitglieder stehen miteinander in enger Beziehung und nehmen Montageaufgaben eigenständig und in Selbstorganisation wahr; der Einsatz der Teams ist im Grundsatz beliebig, richtet sich jedoch in der betrieblichen Praxis nach den räumlichen Gegebenheiten eines Montageobjektes und nach dem zeitlichen Rahmen, der durch mehrschichtiges Arbeiten vorgegeben sein kann. Hieraus erklärt sich auch die Rolle der Sprecher von Einzelgruppen, die neben der Ausführung von Facharbeiten als lokale Ansprechpartner, insbesondere bei Abwesenheit des Meisters, zur Verfügung stehen; sie sind in der Lage, Unterstützung bei dispositiven Aufgaben zu leisten, die Funktion eines Informationsmittlers zu übernehmen und den Prozeß der kontinuierlichen Verbesserung im kleinen Rahmen voranzutreiben.

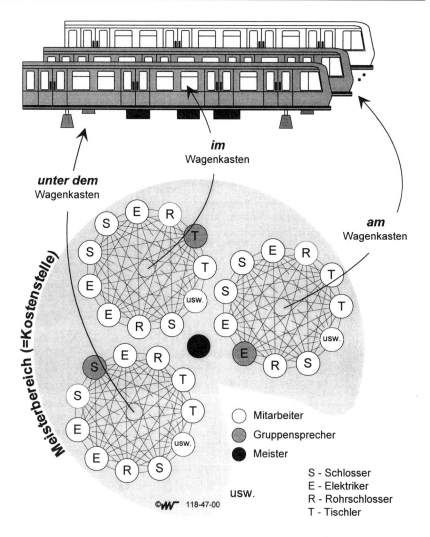

Abb. 47: Besetzung und Arbeitsorganisation einer flexiblen Montagezelle

Der Meister als Verantwortlicher für den Bereich einer Montagezelle bringt alle Abläufe in Einklang mit den Zielvorgaben einer Komplettmontage, steht zur Unterstützung bei Abruf- und Bereitstellvorgängen zur Verfügung, er löst intern auftretende Konflikte und sorgt für die Berücksichtigung von Aspekten und Interessen der Montage in vorgeschalteten Bereichen und überlagerten Vorgängen; darüber hinaus übernimmt er verwaltende Tätigkeiten und veranlaßt die notwendigen allgemeinen, personellen und ausstattungsbezogenen Maßnahmen.

Eine weitergehende Betrachtung der Endmontage und peripherer Einrichtungen läßt drei wesentliche Aufgabenbereiche erkennen, die auf die eigentliche Leistungserstellung maßgeblichen Einfluß ausüben. Neben den Arbeitsgruppen in den Montagezellen sowie den Führungsfunktionen darin besitzen auch Mitarbeiter aus dem logistischen Bereich Einflußmöglichkeiten auf die Effizienz von Organisation und Abläufen der manuellen Großmontage; zur Verwirklichung höchster Flexibilität und im Sinne einer Förderung von Selbstorganisation und Eigeninitiative sind diesen drei bestimmenden Funktionen entsprechende Kompetenzen zu gewähren und im Rahmen der Leistungsförderung zu aktivieren.

	Meister	Zellenmannschaft	Logistikpersonal
verantwortet	• Reihenfolgeplanung • Arbeitszuteilung • Materialabrufe • Wartezeiten	• Montageausführung • Montagefortschritt • Montagequalität • Wartezeiten	• zeitgerechte Bereitstellung • auftragsbezogene Kommissionierung • Fehlteilsuche
beeinflußt	• Durchlaufzeiten (per Reihenfolgeplanung) • Ausführungszeiten (per Mitarbeitermotivation) • Wartezeiten (per Materialabruf)	• Ausführungszeiten (per Zeitgrad) • Nacharbeitszeiten (per Montagequalität) • Wartezeiten (per Eigeninitiative)	• Wartezeiten (per Bereitstellung) © ᴍᴡ 072-12-02

Abb. 48: Verantwortungs- und Einflußbereiche bezogen auf die Verwirklichung einer flexiblen Montage

Zentrale Bedeutung besitzen die Mitarbeiter der Montagezelle, die die eigentliche Montagetätigkeit ausüben und damit die hergestellte Erzeugnisqualität und die benötigte Zeit beeinflussen (Abbildung 48). Der Meister nimmt Einfluß auf die erzielbaren Durchlaufzeiten der Produkte, indem er grobe Arbeitsinhalte, ausgehend von der generellen Reihenfolge aus der Stufenstruktur des Erzeugnisses, verteilt und in ihrer Ausführung verfolgt; er vermeidet Wartezeiten dadurch, daß er die Tätigung von Abrufen unterstützt und in der weiteren Ausführung kontrolliert; schließlich determiniert seine soziale Kompetenz und die rechtzeitige Erkennung beziehungsweise Einleitung personeller und qualifizierender Maßnahmen in besonderer Weise die letztendlich verbrauchte Ausführungszeit. Das logistische Personal (Lager- respektive Transportwesen), das normalerweise nicht zum Mitarbeiterstamm der flexiblen Montagezelle gehört, beeinflußt das Entstehen extern verursachter Wartezeiten, die durch fristgemäße Bereitstellung und damit körperliche Verfügbarkeit von rechtzeitig abgerufenen Materialien und Baugruppen reduziert werden können.

Die Erkenntnis dieser drei ineinandergreifenden Aufgaben- und Interessensbereiche in der Montage komplexer Erzeugnisse kann im Rahmen einer ganzheitlichen Leistungsförderung zur Gesamtoptimierung wesentlicher Größen nutzbar gemacht werden. So wurde die Einbindung der leistungs- beziehungsweise flexibilitätsbestimmenden Einflußgrößen - durch Verankerung entsprechender Prämienkriterien - in die Entgeltermittlung der Aufgabenbereiche vollzogen, die wiederum den Aufbau einer monetären Wirkungskette mit dem Ziel der Verknüpfung der einzelnen Interessenslagen im Geschehen der Endmontage zuließ. Der Meister der Montagezelle kann Zulagen im Falle der Verbesserung von Leistungsparametern seiner Arbeitsgruppen erhalten und für die Verminderung von internen Wartezeiten (durch Einsatz und Motivation der Mitarbeiter) sowie extern verursachten Stillständen (durch Verfolgung des rechtzeitigen Materialabrufes und dessen Einhaltung) belohnt werden. Das Lager- und Transportpersonal profitiert ebenfalls von verbesserten Montageergebnissen, wenn diese durch die fehlerfreie und reibungslose Materialbereitstellung begünstigt wurden.

Ausgangspunkt der Entlohnung der Mitarbeiter der flexiblen Montagezelle ist die Beurteilung montierter Schienenfahrzeuge hinsichtlich der Ausführungs- und Wartezeiten sowie der aufgetretenen Qualitätsmängel. Dazu wird dem Basisentgelt aus Tariflohn und unternehmensspezifischen Zulagen eine aus drei Kriterien abgeleitete Leistungsvergütung zugeschlagen, die Gruppen- und Individualanteile in einer bestimmten Relation beinhaltet. Für die Bewertung der erzielten Teamleistung müssen gruppenabhängige Leistungsmerkmale herangezogen werden, die vor allem im Hinblick auf den zeitlichen Ablauf der Montage wirksam sind, aber auch die Qualität von geleisteter Arbeit und Ergebnis gewichten. Die Forderung, möglichst alle auftretenden Zeitanteile (Produktiv-, Warte-, Fehl-, Nacharbeitszeiten) in die Entgeltberechnung einfließen zu lassen sowie geringe Komplexität und hohe Nachvollziehbarkeit zu gewährleisten, führt zur Festlegung von drei Leistungskriterien in der flexiblen Montage.

Zum einen wird die benötigte Durchlaufzeit respektive Mengenleistung einer Gruppe durch den Zeitgrad bewertet, der die vorgesehene, kalkulierte Montagezeit in ein Verhältnis zur anschließend verbrauchten Zeit für die Montage setzt; der Zeitgrad spiegelt sich in der Durchlaufzeit eines Erzeugnisses wider und bezieht auch qualitätsbezogene Aufwände ein, indem Nacharbeitszeiten auf die Verbrauchszeit aufgeschlagen werden. Das zweite Kriterium bildet der eigentliche Nacharbeitsanteil, der in einem Abrechnungszeitraum im Rahmen der Gesamtanwesenheitszeit aufgetreten ist; verursachte Mängel und Fehler werden einer Bewertung unterzogen und bestimmen in der Hauptsache die Steigung der Lohnlinie. Schließlich geht die Vermeidung von Wartezeiten, ebenfalls ermittelt als Anteil an der gesamten Anwesenheitszeit im Abrechnungszeitraum, in geringerem Ausmaß in die Lohnliniensteigung ein (siehe auch Abbildung 45).

Mit der Methode, die Prämie für den Zeitgrad mit der Prämie zur Vermeidung von Nacharbeits- und Wartezeit über einen Steigungsfaktor zu koppeln, wurde der Effekt erreicht, daß eine deutliche Lohnsteigerung nur möglich ist, wenn bei hohem Zeitgrad gleichzeitig Nacharbeits- und Wartezeitanteile gering gehalten werden; je höher der Zeitgrad liegt, umso stärker wirkt sich die Vernachlässigung der beiden anderen Leistungsparameter in einer Beschneidung der Prämie aus. So kann sichergestellt werden, daß die Mitarbeiter auch bei hoher Arbeitsgeschwindigkeit auf Effizienz und Qualität von Abläufen und Ergebnis achten.

Die Vorgehensweise zur Ermittlung des Leistungsanteiles und damit die Bestimmung des individuellen Entgeltes des Montagemitarbeiters zeigt Abbildung 49.

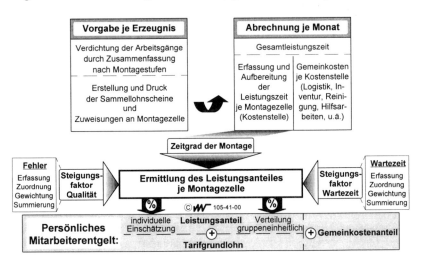

Abb. 49: Persönliches Mitarbeiterentgelt in einer flexiblen Montage

Die nach den groben Montagestufen verdichteten Arbeitsgänge liegen als Sammellohnscheine in der Montagezelle vor und werden mit der für einen Auftrag angefallenen Leistungszeit (Verbrauchs- und Nacharbeitszeit) gegengerechnet. Der ermittelte Zeitgrad wird auftrags- oder zeitraumbezogen mit den Steigungsfaktoren aus der Montagefehlerbewertung und der Wartezeitanalyse kombiniert und führt zu einem Leistungspunkt, welcher innerhalb der Bandbreite für den Verlauf der Lohnkurven liegt. Die Verteilung des Mehrverdienstes auf einzelne Gruppenmitglieder erfolgt nach zwei Gesichtspunkten mit einer einstellbaren Gewichtung; ein Teil des Betrages wird gleichmäßig an alle Mitarbeiter zur Unterstützung des Gruppengedankens ausgeschüttet, der verbleibende Rest wird als individueller Motivationsanreiz auf der Grundlage einer formalisierten Leistungseinschätzung personenbezogen zugerechnet. Sollten im Abrechnungszeit-

raum gemeinkostenwirksame Tätigkeiten verrichtet worden sein, so sind diese
den entsprechenden Mitarbeitern darüber hinaus zu vergüten. Somit errechnet
sich das persönliche Mitarbeiterentgelt aus dem Basisentgelt zuzüglich dem Leistungsanteil und eventuell enstandener Gemeinkostenelemente.

Ein wichtiges Hilfsmittel ist in diesem Zusammenhang ein einheitliches
Bewertungsschema, das eine Beurteilung individueller Leistungskriterien und
damit die Berücksichtigung der Einzelleistung jedes Mitarbeiters der Montagezelle gestattet (Abbildung 50); es ist periodisch oder auftragsbezogen von den
Verantwortlichen in der Arbeitsgruppe zu aktualisieren und in Einzelgesprächen
mit den Mitarbeitern zu erläutern und zu vertreten. Die Bewertung erfolgt in vier
grundsätzlichen Merkmalsklassen, die Kooperation und soziales Verhalten,
Sorgfalt sowie fachliches und Leistungsverhalten jedes Mitarbeiters nach einem
einfachen Punktesystem erfassen und relativ zum Gruppenwert gewichten.

Wertungsziffer bitte ankreuzen	Zusammen-arbeit			Sorgfalt			Fach-verhalten			Leistungs-verhalten			Datum
Zelle: .... Kostenstelle	- Unterstützung - Austausch von Informationen - Problemlösung in der Gruppe - Übernahme von Verantwortung			- Gründlichkeit - Zuverlässigkeit - Sauberkeit und Ordnung - Kostenbewußtsein - Aufmerksamkeit			- Einsatz von fach-lichen Kenntnissen - Überblick, Struktu-rieren der Tätigkeit - Erkennen sowie Beurteilen des Wesentlichen			- Initiative und Selbständigkeit - Arbeitstempo - Arbeitsgüte - Flexibilität im Einsatz			bewertet genehmigt **Punkte Anteil**
Mitarbeiter A	1	2	3	1	2	3	1	2	3	1	2	3	
Mitarbeiter B	1	2	3	1	2	3	1	2	3	1	2	3	
Mitarbeiter C	1	2	3	1	2	3	1	2	3	1	2	3	
:													
Mitarbeiter Y	1	2	3	1	2	3	1	2	3	1	2	3	
Mitarbeiter Z	1	2	3	1	2	3	1	2	3	1	2	3	
Punkte je Merkmal							© _wr_ 082-19-00						
Anteil je Merkmal													100 %
1 Merkmal nicht immer erfüllt				**2** Merkmal voll erfüllt				**3** Merkmal mehrfach übertroffen					

Abb. 50: Schema zur Mitarbeiterbewertung und Gruppeneinschätzung

Gleichzeitig kann mit der Ausprägung der Einzelmerkmale das Leistungsprofil
der Arbeitsgruppe regelmäßig charakterisiert werden, so daß beispielsweise für
den Meister wichtige Anhaltspunkte für die Ausrichtung seiner Einflußnahme,
für Qualifikationsbedarfe oder andere notwendige Aktivitäten entstehen.

Zusammenfassend unterstützt die Organisation und Ausstattung sowie das Entgeltsystem der flexiblen Montagezelle (in Verbindung mit einem Aufbau übergreifender monetärer Wirkungsketten) nicht nur die Erreichung übergeordneter
Zielstellungen, also verkürzten Durchlaufzeiten, verbesserter Produktivität und

Qualität, bei zugleich hoher Flexibilität in unterschiedlichen Dimensionen; vielmehr zahlen sich für die Mitarbeiter in den Arbeitsgruppen und peripheren
Bereichen persönliches Engagement, enge Zusammenarbeit, erweiterte Qualifikation und eigenverantwortliche Selbstorganisation buchstäblich aus.

7.2. Einführung und erste Ergebnisse des Montagekonzeptes

Der eigentlichen Einführung des Prinzips der flexiblen Montagezelle bei einem
Schienenfahrzeughersteller ging zunächst die Definition und Anordnung sowie
die Erprobung von Abläufen und Prinzipien an einem Repräsentativprodukt in
einer Piloteinrichtung voran. Es konnten Anlaufschwierigkeiten erkannt, Akzeptanz und Nachvollziehbarkeit verbessert und geeignete Informations- und Schu-
lungsprogramme zur Vorbereitung und Begleitung der späteren vollständigen
Umstellung der Endmontage entwickelt werden. Darüber hinaus wurden organisatorische und Ausstattungsmerkmale im Hinblick auf eine maximale Objekt-
und Ablaufflexibilität optimiert und festgeschrieben. Die umfassende Beschäfti-
gung mit der Standortfestlegung, einer Flächenbelegung und den Versorgungs-
strategien für die Pilotzelle führte zur Ableitung von Anforderungen an die
logistische Einbettung respektive deren systemtechnischer Unterstützung.

Auf der Grundlage des geplanten Produktionsprogrammes, den Erwartungen an
die zukünftige Entwicklung sowie unter dem Eindruck der konsequenten Dezentralisierung und Prozeßausrichtung des gesamten Unternehmens wurde die
Konzeption eines eigenständigen Montagesegmentes im Rahmen einer dynamischen Organisation erarbeitet. Montagezellen wurden vervielfältigt und in den
Hallenbereichen positioniert; Funktionen, Aufgaben und Ausrüstung wurden
integriert, Planungs- und Steuerungsautonomien übertragen und durch angepaßte Systementwicklungen unterstützt. Die Querschnittsfunktionen konnten
damit inhaltlich und auch personell festgelegt beziehungsweise dimensioniert
werden, Schnittstellen oder Beziehungen zu den zentralen und Koordinationsfunktionen sowie zu anderen Leistungsbereichen geklärt und - ausgehend von
einem geeigneten Produktmodell - fixiert werden.

Mit der Einführung von flexiblen Montagezellen im Schienenfahrzeugbau konnten, noch in der Phase der Neuordnung, Verkürzungen in der Durchlaufzeit um
mehr als 25 Prozent erzielt werden, wobei zur gleichen Zeit die Produktivität,
die am benötigten Montageaufwand je Fahrzeug abgelesen werden kann, um
etwa zehn Prozent verbessert wurde (Abbildung 51). Außerdem sanken mit der
Glättung der Kapazitätsbedarfe und einer vereinfachten, rechnerunterstützten
Materialbereitstellung die Bestände in der Endmontage um 20 Prozent [115]; die
Anzahl und Schwere der Montagefehler ging durch die Erweiterung von Verant-
wortungs- und Handlungsspielräumen und durch die Erschließung ganzheit-

licher Wirkzusammenhänge im Unternehmen um etwa ein Drittel zurück. Große Arbeitsinhalte, höhere Qualifikation und Leistung gehören schließlich ebenfalls zu den Faktoren, die höhere Mitarbeitermotivation und die Effizienzsteigerung in dieser manuellen Großmontage insgesamt bewirkt haben.

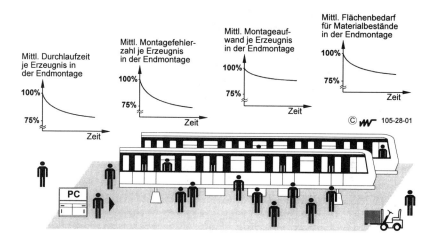

Abb. 51: Die flexible Montagezelle im Schienenfahrzeugbau - Ergebnisse und Potentiale in einem dynamischen Produktionsbetrieb

Letztendlich konnte - durch die konsequente und ganzheitliche Nutzung aller Gestaltungsdimensionen von Flexibilität in den verschiedenen Integrationsebenen und über die Endmontage hinaus - allen eingangs aufgeführten Funktionen der Montage entsprochen werden; sämtliche Merkmale einer flexiblen Montage konnten dahingehend systematisch und bestmöglich ausgeprägt werden.

8. Schlußbetrachtung

8.1. Zusammenfassung

Vor dem Hintergrund eines veränderten Wettbewerbsumfeldes und von Marktanforderungen, die durch höchste Ansprüche an die Flexibilität, Schnelligkeit
und Qualität in der Leistungserstellung gekennzeichnet sind, müssen Produktionsbetriebe über eine hohe Beweglichkeit auch in grundlegenden Strukturen
und Abläufen verfügen, um diesen gewachsenen Ansprüchen effizient begegnen
zu können. Gleichzeitig weisen Wandlungstendenzen aus dem gesellschaftlichen Kontext in die Richtung, Arbeitsteiligkeit sowie die ausgeprägte Zentrali-
sierung und starke funktionale Differenzierung zugunsten erweiterter Hand-
lungspielräume mit Eigenverantwortung für ganzheitliche Aufgabenstellungen
aufzulösen. Die notwendige Konzentration auf kundenorientierte Wertschöpfungsketten erfordert somit den Aufbau dezentraler, autonomer und lernfähiger
Teilbereiche, die den Prinzipien von Aufgabenintegration, Selbstorganisation
und Verantwortungsdelegation folgen und eine gemeinsame Zielabstimmung
und Koordination im Rahmen eines flexiblen Produktionsverbundes erfahren.

Die Montage als Untersuchungsgegenstand dieser Arbeit stellt die Vollendungsphase des betrieblichen Produktentstehungsprozesses dar, in der durch Vereini-
gungsvorgänge Baugruppen und schließlich Enderzeugnisse erstellt werden, die
alle terminlichen, aufwands- und qualitätsbezogenen Kundenkriterien erfüllen
müssen. Insofern benötigt dieser Produktionsbereich eine hohe Flexibilität zur
Bewältigung komplexer Montageaufgaben und muß darüber hinaus in der Lage
sein, induzierte Fehler- und Kostenpotentiale durch frühzeitige Einflußnahme
sowie den Anstoß von Aktivitäten im gesamten Unternehmen auszugleichen; er
nimmt damit auch Schnittstellenfunktionen zwischen einzelnen Betriebsberei-
chen und dem Kundenmarkt wahr.

Gegenstand und Ziel der vorliegenden Arbeit war es deshalb, das geschlossene
Konzept der flexiblen Montage im Rahmen einer dynamischen Unternehmensorganisation zu entwickeln, das in den unterschiedlichen Integrationsebenen
durch bestimmte Gestaltungsdimensionen der Flexibilität charakterisiert ist und
damit die Verwirklichung dieser Schlüsselfunktionen einer Montage ermöglicht.
Das planerische und gestalterische Vorgehen sowie die praktische Umsetzung
wurde am Beispiel der manuellen Endmontage von Schienenfahrzeugen vorgenommen und im praktischen Einsatz bewertet.

Im Anschluß an die Herausarbeitung grundlegender Merkmale und praktischer
Gegebenheiten einer Montage sowie aktueller Trends in Entwurf und Strukturierung der Unternehmensorganisation erfolgte zunächst eine Abgrenzung zu relevanten Ansätzen und die Ableitung des konkreten Handlungsbedarfes.

Die in der Folge erarbeitete allgemeine Modellvorstellung eines dynamischen Produktionsbetriebes baut auf einer Systematisierung von Integrationsebenen in der Produktion auf, die in erweiterter Form auch in weiteren Unternehmensbereichen Anwendung finden kann; sie muß damit bei der ganzheitlichen Beschreibung von Funktionen und Gestaltungsmerkmalen des Produktionsbetriebes einfließen. Als grundsätzliche Kategorien betrieblicher Leistungserstellung werden materielle und immaterielle Arbeitsergebnisse eingeführt, die durch eine geeignete Kombination von Funktionen und Segmenten im Unternehmen erbracht werden. Produkt- und Technologiesegmente bilden geschlossene, marktorientierte und selbstorganisierende Systeme höherer Ordnung, welche neben der Leistungserstellung auch Querschnittsfunktionen - vor allem der Planung, Steuerung und Qualitätssicherung - beinhalten und durch zentrale Funktionen zielgerichtet zu übergreifenden Wertschöpfungsketten koordiniert werden. Die Arbeitsorganisation ist gekennzeichnet durch Gruppenstrukturen, die, an den unterschiedlichen Integrationsstufen orientiert, Fähigkeiten integrieren, Kompetenzen und Verantwortung dezentralisieren sowie die Spektren und Parameter spezifischer Ausprägungen der Leistungsförderung vor dem Hintergrund einer Gesamtoptimierung abstecken.

Die derart gewonnenen Grundsätze und Erkenntnisse gingen anschließend in die Bestimmung und Einteilung wesentlicher Flexibilitätsarten zur Realisierung der beschriebenen Schlüsselfunktionen einer Montage ein. Neben kapazitiver und Objektflexibilität in den eigentlichen Montageprozessen und einer Flexibilität der Arbeitsabläufe in der Zellenebene konnten die logistische Flexibilität im vollständigen Montageablauf eines Segmentes und eine Produkt- respektive Marktflexibilität in der gesamten betrieblichen Leistungserstellung als grundlegende Bestimmungsgrößen identifiziert werden. Als Gestaltungsdimensionen zur Flexibilitätserhöhung wurden daraufhin Organisation, Effizienz und Ressourcenausstattung einer Montage sowie die Definition und Ausformung von internen wie auch übergreifenden Wirkzusammenhängen differenziert; hier ergab die qualitative Bewertung der einzelnen Handlungsfelder unterschiedliche Stellenwerte in der manuellen Einzel- und Kleinserienmontage beziehungsweise automatisierten Serienmontage. Das aufgestellte Gesamtkonzept der flexiblen Montage in der dynamischen Unternehmensorganisation komplettierte schließlich die Gestaltungsprinzipien der zuvor entwickelten Modellvorstellung und ermöglichte so die durchgängige Eingliederung dieses Produktionsbereiches bei maximaler Ausnutzung aller Flexibilitätspotentiale.

Zur systematischen Planung und Gestaltung einer Montage im Rahmen dieser umfassenden Sichtweise wurde im sechsten Abschnitt ein vierstufiges Vorgehen entworfen und in Schwerpunkten exemplarisch für die manuelle Endmontage von Schienenfahrzeugen erläutert. Es beginnt mit der Aufnahme und Interpretation unterschiedlicher Eingangsinformationen, die zur Wahrnehmung und Ausrichtung der folgenden Aktivitäten notwendig sind. Die bereichsbezogene Entwicklung und Festlegung eines Montagekonzeptes umfaßt im zweiten Schritt die Ermittlung von Organisation und Ausstattung, welche anhand einer Piloteinrichtung zu erproben und zu bewerten sind, um optimierte Gestaltungsparameter und konkrete Einführungsmaßnahmen festlegen zu können. Für den Fall der Schienenfahrzeugendmontage wurde hier das Prinzip der flexiblen, manuellen Montagezelle abgeleitet und im Hinblick auf Ablaufgestaltung, Arbeitsorganisation und Leistungsförderung fixiert. Die nächste Phase beinhaltet die Erweiterung und Integration zu einem Gesamtkonzept, in dem Wirkzusammenhänge definiert, physikalische und informatorische Schnittstellen festgelegt sowie ablauf- und aufbauorganisatorische Eingliederungen vorgenommen werden. Den Abschluß bildet die Realisierung und eine Auswertung im laufenden Betrieb, der aufgrund der dynamischen Veränderungsfähigkeit der gesamten Unternehmensorganisation ständig weiterzuentwickeln ist.

Die durchgeführte Ergebnisauswertung der erarbeiteten Konzeption und ihrer Prinzipien an einem Praxisbeispiel offenbarte bedeutende quantitative (reduzierte Durchlaufzeiten, niedrigere Montageaufwände und -fehlerzahlen, verringerte Bestände) und qualitative (erweiterte Arbeitsinhalte, höhere Motivation) Verbesserungen in einer manuellen Montage, in der alle verfügbaren Flexibilitätspotentiale systematisch und vollständig genutzt werden.

8.2. Ausblick

Das in dieser Arbeit entwickelte Gesamtkonzept einer flexiblen Montage bietet im Zusammenhang mit der zeitgemäßen Modellvorstellung von einem Produktionsbetrieb die Möglichkeit, strukturelle und gestalterische Aufgaben - gemäß den aktuellen Anforderungen und Chancen in einem sich rasch wandelnden Umfeld - vollständig zu überblicken und durchgängig zu lösen.

Es bedarf jedoch noch weiterer Entwicklungsarbeiten zur Vertiefung beziehungsweise Verallgemeinerung des Ansatzes, so zum Beispiel im Bereich der angepaßten Erzeugnisstrukturierung, der Systematisierung und Standardisierung von Koordinationsabläufen einschließlich der homogenen Schnittstellengestaltung und Systemunterstützung, oder durch die Übertragung auf immaterielle Leistungsbereiche im Unternehmen und durch eine Konkretisierung übergreifender Formen der Arbeitsorganisation. All dieses wird zur Klärung von Sachverhalten beitragen, die aufgrund der Zielsetzung dieser Arbeit nur nebengeordnete Aspekte darstellten, und führt in der Konsequenz zu einer größeren Anwendungsbreite von Konzept und Vorgehen für die umfassende Flexibilisierung in einer dynamischen Unternehmensorganisation.

9. Literaturverzeichnis

[1]   Abels, S.: Modellierung und Optimierung von Montageanlagen in einem integrierten Simulationssystem. Dissertation U Erlangen-Nürnberg 1993

[2]   Aggteleky, B.: Fabrikplanung, Band 1-3. München, Wien: C. Hanser Verlag 1990

[3]   Agurén, S., Edgren, J., Gabra, S.: Neue Wege der Produktions- und Fabrikplanung - Erfahrungen aus Schweden. Eschborn: Rationalisierungs-Kuratorium der Deutschen Wirtschaft (RKW) e.V. 1983

[4]   Alioth, A.: Gruppenarbeit in Fertigungsinseln. Technische Rundschau 47 (1986), S. 20-23

[5]   Ammer, E.-A.: Rechnerunterstützte Planung von Montageablaufstrukturen für Erzeugnisse der Serienfertigung. Dissertation U Stuttgart 1984

[6]   Bader, A.: Personelle Flexibilität in manuellen Montagesystemen. Dissertation TU Berlin 1986

[7]   Beste, D.: Fabrik in der Fabrik in der Fabrik. VDI-Nachrichten Magazin 4 (1993), S. 17-25

[8]   Bick, W.: Systematische Planung hybrider Montagesysteme unter besonderer Berücksichtigung der Ermittlung des optimalen Automatisierungsgrades. Dissertation TU München 1991

[9]   Birnkraut, D.: Entsorgungsorientierte Analyse von Produktionsabläufen zur Gestaltung umweltverträglicher Fabrikstrukturen. Dissertation U Hannover 1994

[10] Bläsing, J. P.: Das qualitätsbewußte Unternehmen. Hrsg.: Steinbeis-Stiftung für Wirtschaftsförderung. Stuttgart 1990

[11] Bleicher, K.: Zukunftsperspektiven organisatorischer Entwicklung - Von strukturellen zu human-zentrierten Ansätzen. ZfO - Zeitschrift für Organisation 59 (1990) 3, S. 152-161

[12] Blohm, H., Beer, T., Seidenberg, U., Silber, H.: Produktionswirtschaft. Herne, Berlin: Verlag Neue Wirtschafts-Briefe 1988

[13] Böhmer, R.: Industriemeister - Viel Musik. WirtschaftsWoche Nr. 23 (1995), S. 74-80

[14] Buck, K.: Teamgeist - Mitarbeiter als strategischer Faktor in schlanken Organisationen. MM - Maschinenmarkt 100 (1994) 34, S. 40-41

[15]   Bühner, R., Pharao, I.: Erfolgsfaktoren integrierter Gruppenarbeit - Schnelle Umsetzung erfordert systematische Restrukturierung. VDI-Z 135 (1993) 1/2, S. 46-57

[16]   Bühner, R.: Der Mitarbeiter im Total Quality Management. Stuttgart: Schäffer-Poeschel Verlag 1993

[17]   Bühner, R.: Entwicklungslinien zukünftiger Fabrikorganisation - Jenseits von Taylor. VDI-Z 128 (1986) 14, S. 535-539

[18]   Bullinger, H.-J., Buck, H., Ganz, W., Pack, J.: Die Arbeitsinhalte ändern sich - Die Qualitätsanforderungen an Mitarbeiter in der Montage, in: Planung und Produktion - Trendbuch 1992; Hrsg.: H. Selzle. Landsberg/Lech: verlag moderne industrie 1992

[19]   Bullinger, H.-J., Ganz, W.: Ohne Human Integrated Manufacturing kein CIM. io Management Zeitschrift 59 (1990) 6, S. 48-52

[20]   Bullinger, H.-J.: Höhere Wettbewerbsfähigkeit durch Kundenorientierung und Kostenreduzierung in der Montage. Tagungsband zum Münchener Kolloquium 1994. Landsberg/Lech: verlag moderne industrie 1994

[21]   Bullinger, H.-J. (Hrsg.): Informations- und Kommunikationsinfrastrukturen für innovative Unternehmen, in: Tätigkeitsbericht des Fraunhofer-Institutes für Arbeitswirtschaft und Organisation (IAO) 1993, S. 111-128

[22]   Bullinger, H.-J. (Hrsg.): Systematische Montageplanung - Handbuch für die Praxis. München, Wien: C. Hanser Verlag 1986

[23]   Bullinger, H.-J.: Teamfähige Personalstrukturen - Voraussetzung für schlanke Unternehmen. Vortrag anläßlich des Produktionstechnischen Kolloquiums in Berlin 1992

[24]   Chase, R. B., Garvin, D. A.: The Service Factory. Harvard Business Review (1989) 4, S. 61-69

[25]   Debus, F.: Ansatz eines rechnerunterstützten Planungsmanagements für die Planung in verteilten Strukturen. Dissertation TH Karlsruhe 1994

[26]   Deutsches Institut für Normung e.V.: DIN 6789: Dokumentensystematik - Aufbau technischer Produktdokumentationen. Berlin, Köln: Beuth Verlag 1990

[27]   Deutsches Institut für Normung e.V.: DIN 8593: Fertigungsverfahren Fügen. Berlin, Köln: Beuth Verlag 1985

[28]   Deutsches Institut für Normung e.V.: DIN 19226 Regelungstechnik und Steuerungstechnik - Begriffe und Benennungen. Berlin, Köln: Beuth Verlag 1984

[29]   Dittmayer, S.: Arbeits- und Kapazitätsteilung in der Montage. Dissertation U Stuttgart 1981

[30]   Dolezalek, C. M., Warnecke, H.-J.: Planung von Fabrikanlagen. Berlin, Heidelberg, New York: Springer-Verlag 1981

[31]   Eidenmüller, B.: Die Produktion als Wettbewerbsfaktor - Herausforderung an das Produktionsmanagement. Köln: Verlag TÜV Rheinland 1989

[32]   Esch, H.: Arbeitsplanerstellung für die Montage - Ein Beitrag zur rechnerunterstützten Fertigungsunterlagenerstellung. Dissertation RWTH Aachen 1985

[33]   Eversheim, W., König, W., Weck, M., Pfeifer, T. (Hrsg.): Produktionstechnik: Auf dem Weg zu integrierten Systemen. Tagungsband zum Aachener Werkzeugmaschinen-Kolloquium 1987. Düsseldorf: VDI-Verlag 1987

[34]   Eversheim, W., König, W., Weck, M., Pfeifer, T. (Hrsg.): Wettbewerbsfaktor Produktionstechnik. Tagungsband zum Aachener Werkzeugmaschinen-Kolloquium 1993. Düsseldorf: VDI-Verlag 1993

[35]   Eversheim, W., Krumm, S., Heuser, T.: Ablauf- und Kostentransparenz - Methoden und Hilfsmittel zur Optimierung der Geschäftsprozesse. CIM Management 10 (1994) 1, S. 57-59

[36]   Eversheim, W., Ungeheuer, U., Kosmas, I.: Komplexe Produkte bei auftragsgebundener Produktion - Geeignete Montagestrukturen ermitteln. Industrieanzeiger 107 (1985) 89, S. 30-32

[37]   Eversheim, W.: Prognosen für die Fabrik von morgen. Festschrift. Köln: Verlag TÜV Rheinland 1991

[38]   Eversheim, W.: Organisation in der Produktionstechnik Band 4, Fertigung und Montage. Düsseldorf: VDI-Verlag 1989

[39]   Eversheim, W. (Hrsg.): Strategien zur Rationalisierung der Montage. Düsseldorf: VDI-Verlag 1987

[40]   Feldmann, K. (Bd.-Hrsg.): Montageplanung in CIM. Einzelband in der Buchreihe 'CIM-Fachmann'. Köln: Verlag TÜV Rheinland 1992

[41]   Fremerey, F.: Erhöhung der Variantenflexibilität in Mehrmodell-Montagesystemen durch ein Verfahren zur Leistungsabstimmung. Dissertation U Stuttgart 1992

[42]   Gaitanides, M.: Prozeßorganisation: Entwicklung, Ansätze und Programme prozeßorientierter Organisationsgestaltung. München: Verlag F. Vahlen 1983

[43]   Gebert, D., Rosenstiel, L.v.: Organisationspsychologie. Stuttgart, Berlin, Köln: Kohlhammer Verlag 1992

[44]   Gomez, P., Zimmermann, T.: Unternehmensorganisation: Profile, Dynamik, Methodik. Frankfurt/Main: Campus Verlag 1992

[45]   Greenberg, J., Baron, R. A.: Behavior in organizations. Needham Heights, MA: Allyn and Bacon 1993

[46]   Grochla, E.: Organisation und Organisationsstruktur, in: Grochla, E. (Hrsg.): Handwörterbuch der Betriebswirtschaft. Stuttgart: Poeschel Verlag 1975

[47]   Groha, A.: Universelles Zellenrechnerkonzept für flexible Fertigungssysteme. Dissertation TU München 1988

[48]   Große Wienker, R.: Entwicklung eines Kommunikationssystems für die integrierte Auftragsplanung und -steuerung. Dissertation RWTH Aachen 1993

[49]   Hammer, M., Champy, J.: Reengineering the corporation. New York, NY: HarperBusiness, a division of HarperCollins Publishers 1993

[50]   Harmon, R. L., Peterson, L. D.: Reinventing the factory. New York, NY: The Free Press, a division of Macmillan 1990

[51]   Hartmann, M.: Entwicklung eines Kostenmodells für die Montage - Ein Hilfsmittel zur Montageanlagenplanung. Dissertation RWTH Aachen 1993

[52]   Heeg, F.-J.: Moderne Arbeitsorganisation: Grundlagen der Gestaltung von Arbeitssystemen bei Einsatz neuer Technologien. München, Wien: C. Hanser Verlag 1988

[53]   Heumann, D.: Objektorientierte Simulation teilautonomer Fertigungsstrukturen. Dissertation U Bochum 1992

[54]   Heusler, H.-J.: Rechnerunterstützte Planung flexibler Montagesysteme. Dissertation TU München 1989

[55]   Hoeschen, R.-D.: Planung von Montagesystemen im Rahmen der Technischen Investitionsplanung - Ein Beitrag zur Montageplanung für Unternehmen mit Einzel- und Serienfertigung. Dissertation RWTH Aachen 1978

[56]   Horvàth, P.: Prozeßkostenrechnung und Target Costing. In: VDI Berichte 1014. Düsseldorf: VDI-Verlag 1992

[57]   Imai, M.: Kaizen - Der Schlüssel zum Erfolg. München: Wirtschaftsverlag Langen Müller Herbig 1992

[58]   Industriegewerkschaft Metall (Hrsg.): Lean Production: Kern einer neuen Unternehmenskultur und einer innovativen und sozialen Arbeitsorganisation? Baden-Baden: Nomos Verlagsgesellschaft 1992

[59]   IfaA - Institut für angewandte Arbeitswissenschaft e.V. (Hrsg.): Lean Production: Idee - Konzept - Erfahrungen in Deutschland. Köln: Wirtschaftsverlag Bachem 1992

[60]   Jansen, M.: Montageorientiere Produktionsplanung und -steuerung - Ein Beitrag zur integrierten Auftragsabwicklung in Unternehmen mit variantenreicher Serienfertigung. Dissertation RWTH Aachen 1985

[61]   Junghanns, W.: Planung neuer Fertigungssysteme für die Einzel- und Serienfertigung. Dissertation RWTH Aachen 1971

[62]   Kalde, M.: Methodik zur Festlegung der Flexibilität in der Montage - Ein Beitrag zur Planung anforderungsgerechter Handhabungs- und Montageeinrichtungen für Unternehmen mit variantenreicher Serienproduktion. Dissertation RWTH Aachen 1987

[63]   Kaluza, B.: Betriebswirtschaftliche und fertigungstechnische Aspekte der Gruppentechnologie. CIM Management 8 (1992) 6, S. 16-23

[64]   Kettner, H., Schmidt, J., Greim, H.-R.: Leitfaden der systematischen Fabrikplanung. München, Wien: C. Hanser Verlag 1984

[65]   Kirchhoff, M.: Die betriebliche Navigation als partizipatives Controlling-System für teilautonome Strukturen in Produktionsbetrieben; Kundenorientierung und Produktivitätssteigerung - eine neue Dimension. wt - Produktion und Management 84 (1994), S. 288-291

[66]   Konz, H.-J.: Steuerung der Standplatzmontage komplexer Produkte - Entwickeln einer Methode zur EDV-gestützten Steuerung von Standplatzmontagen in der auftragsgebundenen Kleinserien- und Serienproduktion. Dissertation RWTH Aachen 1989

[67]   Kosiol, E.: Aufbauorganisation, in: Grochla, E. (Hrsg.): Handwörterbuch der Organisation. Stuttgart: Poeschel Verlag 1980

[68]   Kühnle, H., Spengler, G.: Wege zur fraktalen Fabrik. io Management Zeitschrift 62 (1993) 4, S. 66-71

[69]   Kuprat, T.: Simulationsgestützte Beurteilung der logistischen Qualität von Produktionsstrukturen. Dissertation U Hannover 1991

[70]   Lang, K., Meine, H., Ohl, K. (Hrsg.): Arbeit - Entgelt - Leistung: Handbuch Tarifarbeit im Betrieb. Köln: Bund-Verlag 1990

[71]   Laucht, O. Lücke, O.: Einordnung der DIN ISO 9000 ff. und ihre Umsetzung durch qualitätsorientierte Entgeltsysteme bei Arbeitsgruppen. Zertifizierung - Sonderteil in C. Hanser Fachzeitschriften im April 1994, S. 55-68

[72]   Laucht, O.: Formen der Leistungsförderung in der flexiblen Großmontage. wt - Produktion und Management 83 (1993) 10, S. 54-57

[73]   Lehmann, F.: Störungsmanagement in der Einzel- und Kleinserienmontage - Ein Beitrag zur EDV-gestützten Montagesteuerung. Dissertation RWTH Aachen 1992

[74]   Lotter, B., Schilling, W.: Methodisches Rationalisieren der manuellen Montage. Der Betriebsleiter 33 (1992) 1/2, S. 24-28

[75]   Lotter, B.: Arbeitsbuch der Montagetechnik. Mainz: Vereinigte Fachverlage Krausskopf - Ingenieur Digest 1982

[76]   Lotter, B.: Wirtschaftliche Montage - Ein Handbuch für Elektrogerätebau und Feinwerktechnik. Düsseldorf: VDI-Verlag 1986

[77]   Malik, F.: Strategie des Managements komplexer Systeme: Ein Beitrag zur Management-Kybernetik evolutionärer Systeme. Bern, Stuttgart: Verlag P. Haupt 1989

[78]   Merz, K.-P.: Entwicklung einer Methode zur Planung der Struktur automatisierter Montagesysteme. Dissertation RWTH Aachen 1987

[79]   Miese, M.: Systematische Montageplanung in Unternehmen mit Einzel- und Kleinserienproduktion. Dissertation RWTH Aachen 1973

[80]   Milberg, J.: Unsere Stärken stärken - Der Weg zu Wettbewerbsfähigkeit und Standortsicherung. Tagungsband zum Münchener Kolloquium 1994. Landsberg/Lech: verlag moderne industrie 1994

[81]   Mohrdieck, C.: Kreativität aus dem Chaos. Elektronik 24 (1990), S. 38-42

[82] Müller, S.: Entwicklung einer Methode zur prozeßorientierten Reorganisation der technischen Auftragsabwicklung komplexer Produkte. Dissertation RWTH Aachen 1992

[83] Neuberger, O.: Personalentwicklung. Stuttgart: F. Enke Verlag 1991

[84] o.V.: CIM-Recherche: Hat CIM noch eine Zukunft? CIM Managment 9 (1993) 2, S.31-41

[85] o.V.: Statistisches Taschenbuch 1993 - Arbeits- und Sozialstatistik. Bundesministerium für Arbeit und Sozialordnung. Bonn: Bundesanzeiger Verlag 1993

[86] o.V.: Tarifreform 2000 - Ein Gestaltungsrahmen für die Industriearbeit der Zukunft. Frankfurt/M.: Vorstand der Industriegewerkschaft Metall (Hrsg.) 1991

[87] Oehler, H.: Integriertes Qualitätsmanagement bei teilautonomen Fertigungsstrukturen. Dissertation U Bochum 1993

[88] Olshagen, C.: Prozeßkostenrechnung - Aufbau und Einsatz. Wiesbaden: Verlag Dr. Th. Gabler 1991

[89] Patzak, G.: Systemtechnik - Planung komplexer innovativer Systeme: Grundlagen, Methoden, Techniken. Berlin, Heidelberg: Springer Verlag 1982

[90] Peffekoven, K. H.: Planung und Steuerung des Montageablaufs in Unternehmen der Einzel- und Serienfertigung. Dissertation RWTH Aachen 1982

[91] Pfeiffer, W., Weiß, E.: Lean Management: Grundlagen der Führung und Organisation industrieller Unternehmen. Berlin: E. Schmidt Verlag 1992

[92] REFA (Hrsg.): Entgeltdifferenzierung (Methodenlehre der Betriebsorganisation). München: C. Hanser Verlag 1991

[93] REFA (Hrsg.): Planung und Gestaltung komplexer Produktionssysteme (Methodenlehre der Betriebsorganisation). München: C. Hanser Verlag 1987

[94] Reinhart, G., Eich, B., Koch, M., Decker, F.: Standort Deutschland - Situationsanalyse und Perspektiven für die Produktion. VDI-Gesellschaft Produktionstechnik (VDI-ADB) Jahrbuch 94/95. Düsseldorf: VDI-Verlag 1994

[95] Rickert, M.: Beitrag zur Gestaltung der Produktionsorganisation in zukunftsorientierten Fabriken. Dissertation U Dortmund 1990

[96]   Rohmert, W., Weg, F. J.: Organisation teilautonomer Gruppenarbeit. München, Wien: C. Hanser Verlag 1976

[97]   Sauer, H.: Mengen- und ablauforientierte Kapazitätsplanung von Montagesystemen. Dissertation U Stuttgart 1987

[98]   Sauerbrey, G.: Betriebliche Organisation im Informationszeitalter. Heidelberg: Dr. A. Hüthig Verlag 1989

[99]   Schäfer, G.: Integrierte Informationsverarbeitung bei der Montageplanung. Dissertation U Erlangen-Nürnberg 1991

[100]   Scheer, A.-W.: Computer integrated manufacturing: CIM - Der computergesteuerte Industriebetrieb. Berlin, Heidelberg: Springer Verlag 1988

[101]   Schimke, E.-F.: Montageplanung - Methoden, Fallbeispiele, Praxiserfahrung. Düsseldorf: VDI-Verlag 1991

[102]   Schulte, C.: Das Modell der Fertigungssegmentierung aus personeller und organisatorischer Sicht. Bergisch Gladbach, Köln: Verlag Josef Eul 1989

[103]   Schmidt, M.: Konzeption und Einsatzplanung flexibel automatisierter Montagesysteme. Dissertation TU München 1991

[104]   Schröder, H.: Neue Formen der Arbeitsorganisation - Einbeziehung der Entgeltfindung. In: Tagungsbericht zur 10. AWF-Fachtagung 'Entlohnung'. Ausschuß für Wirtschaftliche Fertigung (AWF) e.V. 1993

[105]   Schultetus, W.: Montagegestaltung - Daten, Hinweise und Beispiele zur ergonomischen Arbeitsgestaltung. Köln: Verlag TÜV Rheinland 1987

[106]   Schuster, G.: Rechnerunterstütztes Planungssystem für die flexibel automatisierte Montage. Dissertation TU München 1992

[107]   Schweizerische Arbeitsgemeinschaft für Qualitätsförderung (Hrsg.): SAQ-Leitfaden zur Normenreihe SN EN 29000 / ISO 9000. Olten: SAQ 1992

[108]   Seidenschwarz, W.: Target Costing - Ein japanischer Ansatz für das Kostenmanagement. Controlling 4 (1991), S. 198-203

[109]   Seliger, G., Feige, M., Wang, Y.: Stark im Team. Industrie-Anzeiger 34 (1993), S. 56-58

[110]   Spur, G.; Stöferle, T. (Hrsg.): Fabrikbetrieb. Handbuch der Fertigungstechnik Band 6. München, Wien: C. Hanser Verlag 1994

[111]   Spur, G.: Technologische Potentiale als Schlüsselfaktoren für die indu-
        strielle Entwicklung in Ost und West. Vortrag anläßlich des Produktions-
        technischen Kolloquiums in Berlin 1992.

[112]   Stillfried, D.: Neue Arbeitsorganisationsformen im Spannungsfeld der
        Entgeltfindung. In: VDI Berichte 1015. Düsseldorf: VDI-Verlag 1992

[113]   Stolz, N. W.: Materialbereitstellung in der Montage - Ein Beitrag zum
        Aufbau einer anforderungsgerechten Materialbewirtschaftung der Mon-
        tage in Unternehmen mit Einzel- und Kleinserienproduktion. Disserta-
        tion RWTH Aachen 1988

[114]   Striening, H.-D.: Prozeßmanagment im indirekten Bereich - Neue
        Herausforderungen an den Controller. Controlling 6 (1989), S. 324-331

[115]   Sünnemann, F.: Beitrag zur Gestaltung und Lenkung von Produktions-
        abläufen. Dissertation TU Braunschweig 1994

[116]   Süssenguth, W.: Methoden zur Planung und Einführung rechner-
        integrierter Produktionsprozesse. Dissertation TU Berlin 1991

[117]   Theerkorn, U.: Problematik einer veränderten Produktion. wt - Werk-
        stattstechnik 81 (1991), S. 607-611

[118]   Tomasko, R. M.: Rethinking the corporation. New York, NY:
        AMACOM, a division of American Management Association 1993

[119]   Tränckner, J.-H.: Entwicklung eines prozeß- und elementorientierten
        Modells zur Analyse und Gestaltung der technischen Auftragsab-
        wicklung von komplexen Produkten. Dissertation RWTH Aachen 1990

[120]   Tress, D. W.: Kleine Einheiten in der Produktion - Wer wachsen will,
        muß kleiner werden. ZfO 55 (1986) 3, S. 181-186

[121]   Ulich, E.: Gemeinsam Optimieren - Arbeitsorientierte Konzepte sind
        günstig zu beurteilen beim Gestalten konkreter Aufgaben. Maschinen-
        markt 98 (1992) 24, S. 130-134

[122]   Ulrich, E.: Arbeitspsychologie. Stuttgart: Schäffer-Poeschel Verlag 1992

[123]   Ulrich, H.: Unternehmenspolitik. Stuttgart: Verlag P. Haupt 1987

[124]   Ungeheuer, U.: Produkt- und Montagestrukturierung - Methodik zur
        Planung einer anforderungsgerechten Produkt- und Montagestruktur für
        komplexe Erzeugnisse der Einzel- und Kleinserienproduktion. Disser-
        tation RWTH Aachen 1986

[125]　Vajna, S.: Strategien zur Integration von Entwicklung, Konstruktion und Arbeitsvorbereitung. In: VDI Berichte 865. Düsseldorf: VDI-Verlag 1991

[126]　Verein Deutscher Ingenieure (Hrsg.): VDI-Richtlinie 2234: Wirtschaftliche Grundlagen für den Konstrukteur. Berlin, Köln: Beuth Verlag 1990

[127]　Verein Deutscher Ingenieure (Hrsg.): VDI-Richtlinie 2498: Vorgehen bei der Materialflußplanung. Berlin, Köln: Beuth Verlag 1978

[128]　Verein Deutscher Ingenieure (Hrsg.): VDI-Richtlinie 2815: Begriffe für die Produktionsplanung und Steuerung. Berlin, Köln: Beuth Verlag 1978

[129]　Verein Deutscher Ingenieure (Hrsg.): VDI-Richtlinie 3633 Bl. 1: Simulation von Logistik-, Materialfluß- und Produktionssystemen - Grundlagen. Berlin, Köln: Beuth Verlag 1992

[130]　Voigts, A.: Planung und Steuerung variabel nutzbarer Montagebereiche. Dissertation U Hannover 1991

[131]　Warnecke, H.-J., Hüser, M.: Lean Production - Eine kritische Würdigung. Angewandte Arbeitswissenschaften (1992) 131, S. 1-26

[132]　Warnecke, H.-J., Löhr, H.-G., Kiener, W.: Montagetechnik - Schwerpunkt der Rationalisierung. Mainz: Krausskopf-Verlag 1975

[133]　Warnecke, H.-J., Schraft, R. D.: Handbuch Handhabungs-, Montage- und Industrierobotertechnik. Landsberg/Lech: verlag moderne industrie 1984

[134]　Warnecke, H.-J.: Der Produktionsbetrieb, Band 1-3. Berlin: Springer Verlag 1993

[135]　Warnecke, H.-J.: Die Fraktale Fabrik - Revolution der Unternehmenskultur. Berlin, Heidelberg: Springer Verlag 1992

[136]　Warnecke, H.-J.: Industrielle Produktion im Umbruch - Wertewandel als Chance begreifen. Vortrag anläßlich des Produktionstechnischen Kolloquiums in Berlin 1992.

[137]　Weissenseel, H. G.: Prozeßorientiertes Planen und Steuern im schlanken Unternehmen. ZwF 89 (1994) 10, S. 485-488

[138]　Westkämper, E. Bartuschat, M.: Dezentralität als Basisprinzip zeitgemäßer Unternehmensorganisation - Teil 3: Lenkung und Koordination. wt - Produktion und Management 84 (1994), S. 551-554

[139]　Westkämper, E., Handke, S.: Dezentralität als Basisprinzip zeitgemäßer Unternehmensorganisation - Teil 2: Erzeugnis- und Prozeßgestaltung. wt - Produktion und Management 84 (1994), S. 491-495

[140] Westkämper, E., Laucht, O., Burgstahler, B.: Konzept und praktischer Einsatz der Unternehmenssegmentierung. CIM Management 11 (1995) 3, S. 11-14

[141] Westkämper, E., Laucht, O., Sünnemann, F.: New Structures in the Flexible Assembly of Large Products. Production Engineering Vol. I/2 (1994), S. 99-104

[142] Westkämper, E., Laucht, O.: Dezentralität als Basisprinzip zeitgemäßer Unternehmensorganisation - Teil 1: Gestaltungsregeln und Strukturen. wt - Produktion und Management 84 (1994), S. 421-425

[143] Westkämper, E., Laucht, O.: Flexibles, zellenorientiertes Montagekonzept für den Schienenfahrzeugbau. wt - Produktion und Management 82 (1992) 12, S. 46-49

[144] Westkämper, E.: Automatisierung in der Einzel- und Kleinserienfertigung - Ein Beitrag zur Planung, Entwicklung und Realisierung neuer Fertigungskonzepte. Dissertation RWTH Aachen 1977

[145] Westkämper, E.: CIM und Lean Production - Die rechnerintegrierte Produktion an der Schwelle zur zweiten Generation. VDI-Z 134 (1992) 10, S. 14-21

[146] Westkämper, E.: Eigenverantwortung - Grundlage für das Qualitätsmanagement in einer dynamischen lernfähigen Unternehmensorganisation. Zertifizierung - Sonderteil in C. Hanser Fachzeitschriften im April 1994, S. 43-53

[147] Westkämper, E.: Fabrikstrukturen im Wandel. wt - Produktion und Management 84 (1994), S. 79-84

[148] Westkämper, E.: Zertifizierung - Anstoß für ein Reengineering der Produktion. Zertifizierung - Sonderteil in C. Hanser Fachzeitschriften im November 1994, S. 88-93

[149] Wiendahl, H.-P. (Bd.-Hrsg.): Analyse und Neuordnung der Fabrik. Einzelband in der Buchreihe 'CIM-Fachmann'. Köln: Verlag TÜV Rheinland 1991

[150] Wiendahl, H.-P.: Betriebsorganisation für Ingenieure. München, Wien: C. Hanser Verlag 1989

[151] Wildemann, H.: Die modulare Fabrik - Kundennahe Produktion durch Fertigungssegmentierung. München: gfmt Verlag 1992

[152]   Wildemann, H.: Entwicklungstendenzen von Logistikkonzepten. CIM Management 11 (1995) 3, S. 21-32

[153]   Wildemann, H.: Fertigungsstrategien - Reorganisationskonzepte für eine schlanke Produktion und Zulieferung. München: Transfer-Centrum-Verlag GmbH 1993

[154]   Witte, K.-W.: Marktgerechte Produkte und kostengünstige Produktion durch Simultaneous Engineering. In: VDI Berichte 758. Düsseldorf: VDI-Verlag 1989

[155]   Wöhe, G.: Einführung in die allgemeine Betriebswirtschaftslehre. München: Verlag F. Vahlen 1986

[156]   Womack, J. P., Jones, D. T., Roos, D.: The machine that changed the world. New York: Rawson Associates 1990

[157]   Zahn, E., Foschiani, S., Greschner, J.: Systeme zur Unterstützung der strategischen Planung von Produktionssystemen. VDI-Z 134 (1992) 6, S. 32-39

[158]   Zülch, G.: Integrierte Fabrikplanung - Ansätze zu einer ganzheitlichen Vorgehensweise. VDI-Z 135 (1993) 3, S. 34-38

Lebenslauf

Persönliche Daten

Name:	Oliver Laucht
Geburtstag:	13. März 1964
Geburtsort:	Hamburg
Eltern:	Alfred Laucht und Renate Laucht, geb. Bergfeld
Familienstand:	ledig

Schulausbildung

1970 - 1973	Grundschule Hamburg-Hohenfelde
1973 - 1974	Grundschule Jesteburg
1974 - 1983	Gymnasium Hittfeld, Seevetal Zeugnis der allgemeinen Hochschulreife vom 13. Mai 1983

Studium

1983 - 1989	Technische Universität Carolo-Wilhelmina zu Braunschweig Maschinenbau, Schwerpunkt Fertigungstechnik Abschluß am 25. Juni 1989: Diplom-Ingenieur
1987 - 1990	Georg-August-Universität Göttingen Fachbereich Wirtschaftswissenschaften Diplom-Vorprüfungszeugnis vom 16. Juli 1990

Wehrdienst

1989 - 1990	Grundwehrdienst, Panzerartilleriebataillon in Dedelstorf

Berufstätigkeit

1986 - 1989	Wissenschaftliche Hilfskraft am Institut für Werkzeug-maschinen und Fertigungstechnik der TU Braunschweig
seit 1.9.1990	Wissenschaftlicher Mitarbeiter am Institut für Werkzeug-maschinen und Fertigungstechnik der TU Braunschweig
seit 1.9.1993	Akademischer Rat und Leiter der Abteilung 'Produktions-systeme' am o.g. Institut

Schmidt Buchbinderei & Druckerei
Hamburger Straße 267 · 38114 Braunschweig

Druck auf chlorfrei gebleichtem Papier